10일에 완성하는 영역별 연산 총정리

징검다리 교육연구소, 최순미 지음

바쁜 5·6학년을 위한 빠른 나눗셈

한 권으로 총정리!

- 두 자리 수의 나눗셈
- 세 자리 수의 나눗셈
- 자연수의 혼합 계산

이지스에듀

지은이 징검다리 교육연구소, 최순미

징검다리 교육연구소는 바쁜 친구들을 위한 빠른 학습법을 연구하는 이지스에듀의 공부 연구소입니다. 아이들이 기계적으로 공부하지 않도록, 두뇌가 활성화되는 과학적 학습 설계가 적용된 책을 만듭니다.

최순미 선생님은 영역별 연산 훈련 교재로, 연산 시장에 새바람을 일으킨《바쁜 5·6학년을 위한 빠른 연산법》,《바쁜 3·4학년을 위한 빠른 연산법》,《바쁜 1·2학년을 위한 빠른 연산법》시리즈와 요즘 학교 시험 서술형을 누구나 쉽게 익힐 수 있는《나 혼자 푼다! 수학 문장제》 시리즈를 집필한 저자입니다. 또한, 20년이 넘는 기간 동안 EBS, 디딤돌 등과 함께 100여 종이 넘는 교재 개발에 참여해 온, 초등 수학 전문 개발자입니다.

바빠 연산법 시리즈(개정판)

바쁜 5, 6학년을 위한 빠른 나눗셈

초판 발행 2021년 5월 30일
(2013년 12월에 출간된 책을 새 교육과정에 맞춰 개정했습니다.)
초판 6쇄 2024년 5월 30일
지은이 징검다리 교육연구소, 최순미
발행인 이지연
펴낸곳 이지스퍼블리싱(주)
출판사 등록번호 제313-2010-123호
주소 서울시 마포구 잔다리로 109 이지스 빌딩 5층(우편번호 04003)
대표전화 02-325-1722 팩스 02-326-1723
이지스퍼블리싱 홈페이지 www.easyspub.com 이지스에듀 카페 www.easysedu.co.kr
바빠 아지트 블로그 blog.naver.com/easyspub 인스타그램 @easys_edu
페이스북 www.facebook.com/easyspub2014 이메일 service@easyspub.co.kr

본부장 조은미 기획 및 책임 편집 박지연 | 김현주, 정지연 교정 교열 방혜영
표지 및 내지 디자인 정우영 그림 김학수 전산편집 이츠북스 인쇄 보광문화사
영업 및 문의 이주동, 김요한(support@easyspub.co.kr) 마케팅 박정현, 한송이, 이나리 독자 지원 오경신, 박애림

ISBN 979-11-6303-249-6 64410
ISBN 979-11-6303-253-3(세트)
가격 9,800원

“펑펑 쏟아져야 눈이 쌓이듯, 공부도 집중해야 실력이 쌓인다.”

교과서 집필 교수, 영재교육 연구소, 수학 전문학원, 명강사들이 적극 추천하는 ‘바빠 연산법’

‘바빠 연산법’ 시리즈는 학생들이 수학적 개념의 이해를 통해 수학적 절차를 터득하도록 체계적으로 구성한 책입니다.

김진호 교수(초등 수학 교과서 집필진)

‘바빠 연산법’ 시리즈는 수학적 사고 과정을 온전하게 통과하도록 친절하게 안내하는 길잡이입니다. 이 책을 끝낸 학생의 연필 끝에는 연산의 정확성과 속도가 장착되어 있을 거예요!

호사라 박사(영재사랑 교육연구소)

단순 반복 계산이 아닌 정확한 이해를 바탕으로 스스로 생각하는 힘을 길러 주는 연산 책입니다. 수학의 자신감을 키워 줄 뿐 아니라 심화·사고력 학습에도 도움을 줄 것입니다.

박지현 원장(대치동 현수학학원)

한 영역의 계산을 체계적으로 배치해 놓아 학생들이 ‘끝을 보려고 달려들기’에 좋은 구조입니다. 계산 속도와 정확성을 완벽한 경지로 올려 줄 것입니다.

김종명 원장(분당 GTG수학 본원)

친절한 개념 설명과 문제 풀이 비법까지 담겨 있어 연산 실력을 단기간에 끌어올릴 수 있는 최고의 교재입니다. 수학의 기초가 부족한 고학년 학생에게 ‘강추’합니다.

정경이 원장(하늘교육 문래학원)

연산 책의 앞부분만 풀려 있다면 반복적이고 많은 문제 수에 치여서 싫어한다는 뜻입니다. 쉬운 내용은 압축, 어려운 내용은 충분히 연습하도록 구성해 학습 효율을 높인 ‘바빠 연산법’을 적극 추천합니다.

한정우 원장(일산 잇츠수학)

수학 공부는 등산과 같습니다. 산 아래에서 시작해 정상까지 오른다는 점은 같지만, 어떻게 오르느냐에 따라 걸리는 노력과 시간에도 큰 차이가 있죠. 수학이라는 산에 가장 빠르고 쉽게 오르도록 도와줄 책입니다.

김민경 원장(동탄 더원수학)

빠르게, 하지만 충실하게 연산의 이해와 연습이 가능한 교재입니다. 학년이 높아지면서 수학이 어렵다고 느끼지만 어디부터 시작해야 할지 모르는 학생들에게 ‘바빠 연산법’을 추천합니다.

남신혜 선생(서울 아카데미)

초등 5, 6학년 우리는 바쁘다!

고학년에게는 고학년 전용 연산 책이 필요하다.

어느덧 고학년이 되었어요.
이렇게 6학년이 되어도, 중학생이
되어도 괜찮을까요?

알긴 아는데 자꾸 실수하고,
계산 문제가 나오면 갑자기 피곤해져요.

중학교 가기 전 꼭 갖춰야 할 '연산 능력'

초등 수학의 80%는 연산입니다. 그러므로 중학교에 가기 전 꼭 갖춰야 할 능력 중 하나가 바로 연산 능력입니다. 배울 게 점점 더 많아지는데 연산에서 힘을 빼면 안 되잖아요. 그러니 지금이라도 연산 능력을 갖춰야 합니다. 연산에 충분한 시간을 쏟을 수 없는 5, 6학년도 '바빠 연산법'으로 자신 없는 연산만 훈련해도 문제없이 다음 진도를 따라갈 수 있습니다.

"선행 학습을 한다고 해서 연산 능력이 저절로 키워지지는 않는다!"

학원에 다니는 상위 1% 학생도 계산력이 부족하면 진도와는 별도로 연산이 완벽해지도록 훈련을 시킵니다.

수학 경시대회 1등 한 학생을 지도한 원장님조차도 "연산 능력은 수학 진도를 선행한다거나, 사고력을 키운다고 해서 저절로 해결되지 않습니다. 계산 능력에 관한 한, 무조건 훈련 또 훈련을 반복해서 숙달되어야 합니다. 연산이 먼저 해결되어야 문제 해결력을 높일 수 있거든요."라고 말합니다.

더도 말고 딱 10일만 분수든 소수든 곱셈이든 나눗셈이든, 안 되는 연산에 집중해서 시간을 투자해 보세요.

영역별로 훈련하면 효율적! "넌 분수가 약해? 난 나눗셈이 약해."

우리나라 초등 교과서는 연산, 도형, 측정, 확률 등 다양한 영역을 종합적으로 배우게 되어 있습니다. 예를 들어 나눗셈만 해도 3학년에서 5학년에 걸쳐 조금씩 나누어서 배우다 보니 학생들이 앞에서 배운 걸 잊어버리는 경우가 많습니다. 그렇기 때문에 고학년일수록 분수, 소수, 곱셈, 나눗셈 등 부족한 영역만 선택하여 정리하는 게 효율적입니다.

수학의 기본인 연산은 벽돌쌓기와 같습니다. 앞에서 결손이 생기면 뒤로 갈수록 결손이 누적되어 나중에 수학이라는 큰 집을 지을 수 없게 됩니다. 특히 5, 6학년일 때 곱셈과 나눗셈이 완벽하게 준비되어 있지 않다면 분수의 곱셈과 나눗셈, 소수의 곱셈과 나눗셈, 도형의 계산을 해낼 수 없습니다. 방학과 같이 집중할 수 있는 시간이 주어졌을 때 자신이 약하다고 생각하는 영역을 단기간 집중적으로 훈련하여 보강해 보는 건 어떨까요?

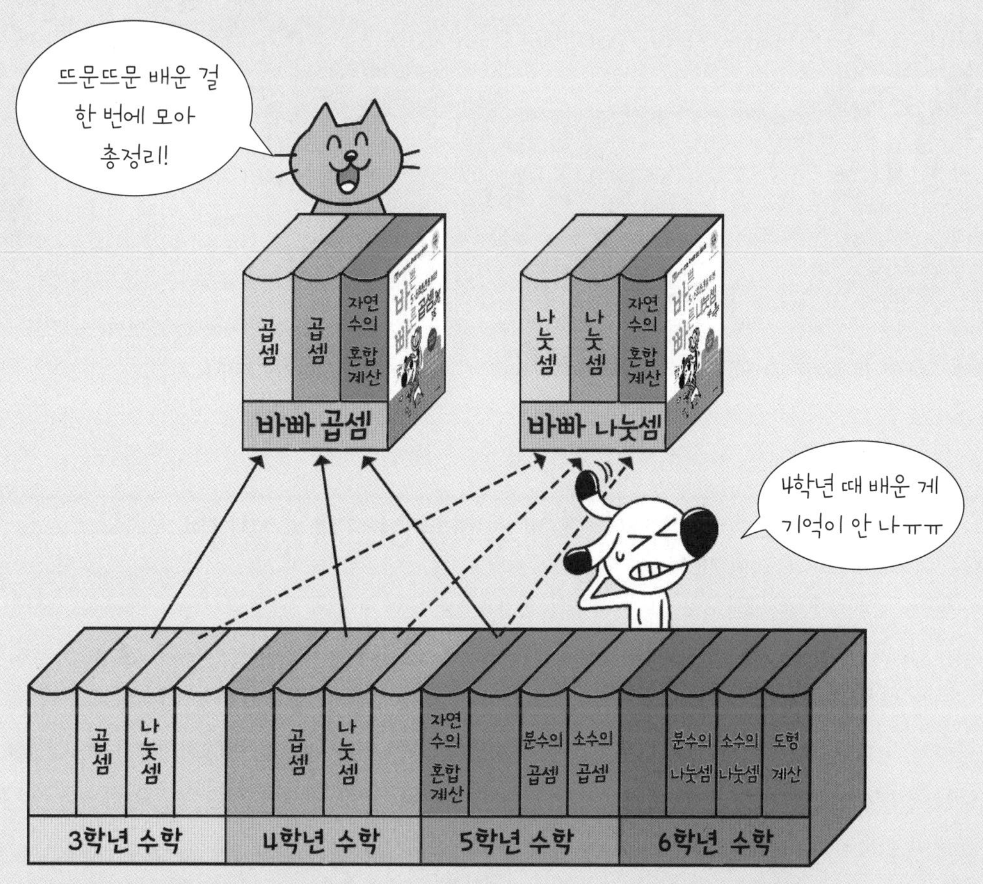

여러 학년에 걸쳐 배우는 연산의 각 영역을 한 권으로 모아서 집중 훈련하면 효율적!

평평 쏟아져야 눈이 쌓이듯, 공부도 집중해야 실력이 쌓인다!

눈이 쌓이는 걸 본 적이 있나요? 눈이 오다 말면 모두 녹아 버리지만, 펑펑 쏟아지면 차곡차곡 바닥에 쌓입니다. 공부도 마찬가지입니다. 며칠에 한 단계씩, 찔끔찔끔 공부하면 배운 게 쌓이지 않고 눈처럼 녹아 버립니다. 집중해서 펑펑 공부해야 실력이 차곡차곡 쌓입니다.

'바빠 연산법' 시리즈는 한 권에 23~26단계씩 모두 4권으로 구성되어 있습니다. 몇 달에 걸쳐 푸는 것보다 하루에 2~3단계씩 10~20일 안에 푸는 것이 효율적입니다. 집중해서 공부하면 전체 맥락을 쉽게 이해할 수 있어서 한 권을 모두 푸는 데 드는 시간도 줄어들 것입니다. 어느 '하나'에 단기간 몰입하여 익히면 그것에 통달하게 되거든요.

10~20일 안에 풀면 한 권을 푸는 데 드는 시간도 줄어듭니다.

사람들은 왜 수학을 어렵게 느낄까?

수학은 기초 내용을 바탕으로 그 위에 새로운 내용을 덧붙여 점차 발전시키는 '계통성'이 강한 학문이기 때문입니다. 약수를 모르면 분수의 덧셈을 잘 못하고, 곱셈이 약하면 나눗셈도 잘 풀 수 없습니다. 수학은 이러한 특징 때문에 앞서 배운 내용을 이해하지 못해 학습 결손이 생기면 다음 내용을 공부할 때 유난히 어려움을 느낍니다. 이 책처럼 한 영역씩 집중해서 학습하면 기초 내용을 바탕으로 새로운 내용을 학습하기 때문에 체계성이 높아져 학습 성취도가 더욱 높아집니다. 또한 전체를 계통적으로 학습하기 때문에 학습 흐름이 한눈에 정리됩니다.

학원 선생님과 독자의 의견 덕분에 더 좋아졌어요!

'바빠 연산법'이 개정 교육과정을 반영해 새롭게 나왔습니다. 이번 판에서는 '바빠 연산법'을 이미 풀어 본 학생, 학부모, 학원 선생님들의 의견을 받아 학습 효과를 더욱 높였습니다. 이를 위해 학생이 직접 푼 교재 30여 권을 다시 수거해 아이들이 어떻게 풀었는지, 어느 부분에서 자주 틀렸는지 등의 실제 학습 패턴을 파악했습니다. 또한 아이의 학습을 어떻게 진행했는지 학부모, 학원 선생님들과 소통했습니다. 이렇게 독자 여러분의 생생한 의견을 종합해 '진짜 효과적인 방법', '직접 도움을 주는 방향'으로 구성했습니다.

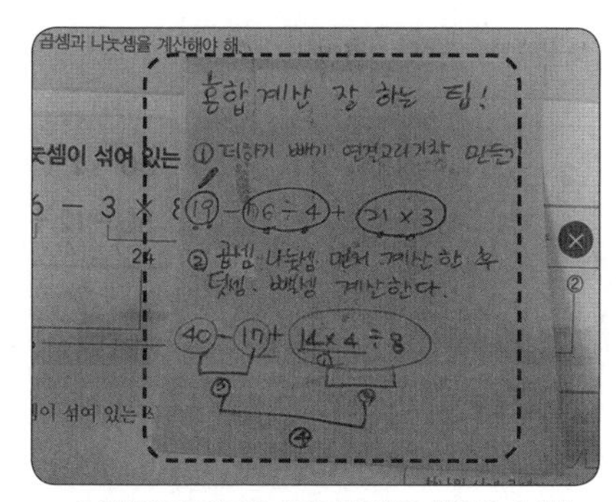

수학학원 원장님에게 받은 꿀팁 수록!

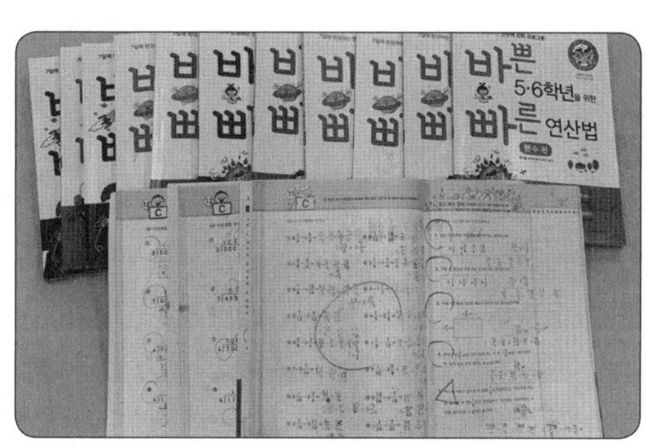

실제 독자가 푼 '바빠 연산법' 책을 통해 학습 패턴 파악!

✪ 우리 집에서도 진단 평가 후 맞춤 학습 가능!

집에서도 현재 아이의 학습 상태를 정확하게 진단하고, 맞춤형 학습 계획을 세우고 싶다는 학부모님의 의견을 반영하여, 수학 학원 원장님들의 실제 진단 평가 방식을 적용했습니다.

▸▸▸ 13쪽

✪ 쉬운 부분은 빠르게 훑고, 어려운 내용은 더 많이 연습하는 탄력적 배치!

기계적으로 반복하는 연산 문제는 풀기 싫어한다는 의견을 적극 반영하여, 간단한 연습만으로도 충분한 단계는 3쪽으로, 더 많은 연습이 필요한 단계는 4쪽, 5쪽으로 확대하여 더욱 탄력적으로 구성했습니다. 기계적인 반복 훈련을 배제하여 같은 시간을 들여도 더 효율적으로 공부할 수 있습니다.

'바빠 연산법'의 구성과 특징

선생님이 바로 옆에 계신 듯한 설명

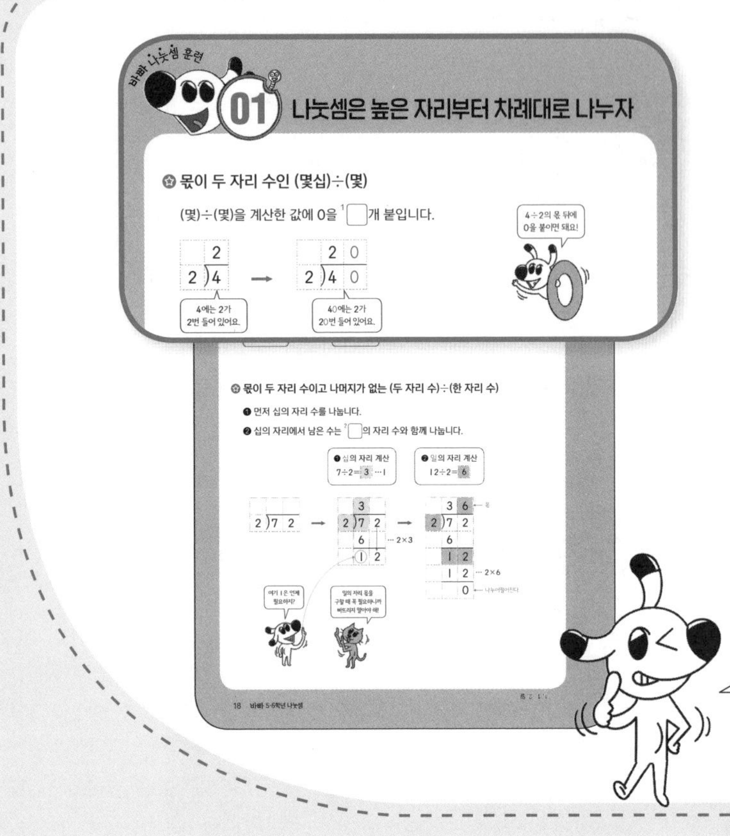
바빠 나눗셈 훈련 01 나눗셈은 높은 자리부터 차례대로 나누자

묶이 두 자리 수인 (몇십)÷(몇)

(몇)÷(몇)을 계산한 값에 0을 [1] 개 붙입니다.

4에는 2가 2번 들어 있어요.

40에는 2가 20번 들어 있어요.

몫이 두 자리 수이고 나머지가 없는 (두 자리 수)÷(한 자리 수)

❶ 먼저 십의 자리 수를 나눕니다.

❷ 십의 자리에서 남은 수는 [2] 의 자리 수와 함께 나눕니다.

❶ 십의 자리 계산 7÷2=3 ···1

❷ 일의 자리 계산 12÷2=6

무조건 풀지 않는다!
개념을 보고 '느낌 알면서~.'

개념을 바르게 이해하지 못한 채 생각 없이 문제만 풀다 보면 어느 순간 벽에 부딪힐 수 있어요. 기초 체력을 키우려면 영양소를 골고루 섭취해야 하듯, 연산도 훈련 과정에서 개념과 원리를 함께 접해야 기초를 건강하게 다질 수 있답니다.

오호! 제목만 읽어도 개념이 쏙쏙~.

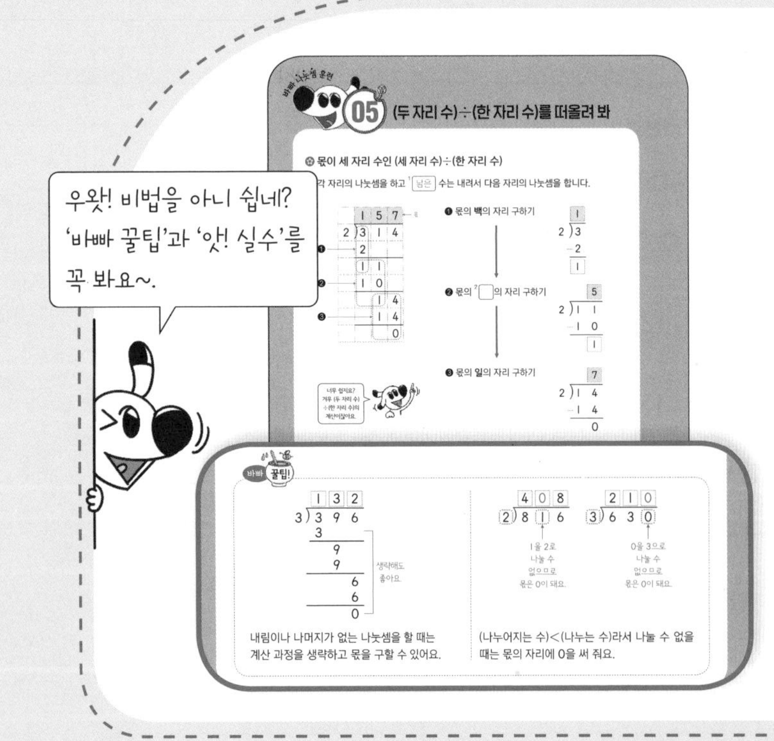

바빠 나눗셈 훈련 05 (두 자리 수)÷(한 자리 수)를 떠올려 봐

몫이 세 자리 수인 (세 자리 수)÷(한 자리 수)

각 자리의 나눗셈을 하고 [1] 남은 수는 내려서 다음 자리의 나눗셈을 합니다.

❶ 몫의 백의 자리 구하기

❷ 몫의 [2] 의 자리 구하기

❸ 몫의 일의 자리 구하기

바빠 꿀팁!

생략해도 좋아요.

1을 2로 나눌 수 없으므로 몫은 0이 돼요.

0을 3으로 나눌 수 없으므로 몫은 0이 돼요.

내림이나 나머지가 없는 나눗셈을 할 때는 계산 과정을 생략하고 몫을 구할 수 있어요.

(나누어지는 수)<(나누는 수)라서 나눌 수 없을 때는 몫의 자리에 0을 써 줘요.

책 속의 선생님!
'바빠 꿀팁'과 '앗! 실수'로
선생님과 함께 푼다!

수학 전문학원 원장님들의 의견을 받아 책 곳곳에 친절한 도움말을 담았어요. 문제를 풀 때 알아 두면 좋은 '바빠 꿀팁'부터 실수를 줄여 주는 '앗! 실수'까지! 혼자 푸는데도 선생님이 옆에 있는 것 같아요!

종합 선물 같은 훈련 문제

실력을 쌓아 주는 바빠의 '작은 발걸음' 방식!

쉬운 내용은 빠르게 학습하고, 어려운 부분은 더 많이 훈련하도록 구성해 학습 효율을 높였어요. 또한 조금씩 수준을 높여 도전하는 바빠의 '작은 발걸음 방식(small step)'으로 몰입도를 높였어요.

느닷없이 어려워지지 않으니 끝까지 풀 수 있어요~.

생활 속 언어로 이해하고, 내 것으로 만드니 자신감이 저절로!

단순 계산력 문제만 연습하고 끝나지 않아요. 쉬운 문장제로 생활 속 개념을 정리하고, 한 마당이 끝날 때마다 섞어서 연습하고, 게임처럼 즐겁게 마무리하는 종합 문제까지!

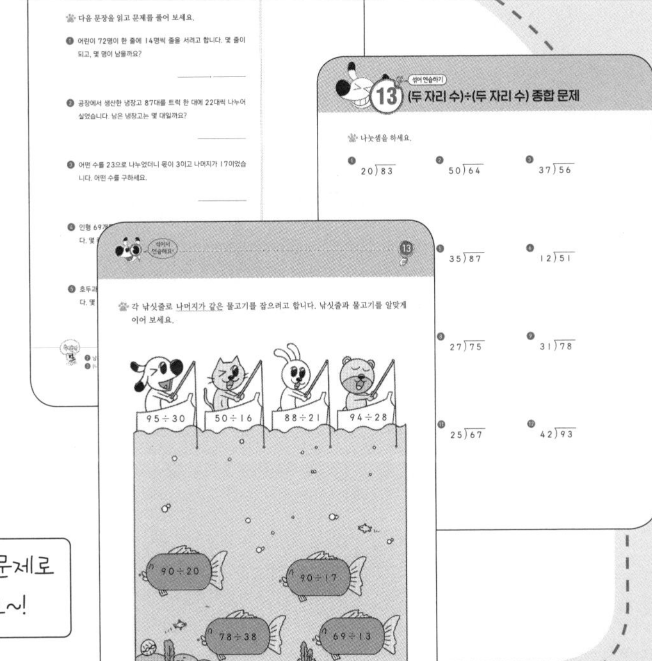

다양한 유형의 문제로 즐겁게 학습해요~!

5·6학년 바빠 연산법, 집에서 이렇게 활용하세요!

수학이 어려운 5학년 학생이라면?

구구단을 모르면 곱셈 계산을 할 수 없듯이, 곱셈과 나눗셈이 완벽하지 않으면 분수와 소수의 계산을 잘하기 어렵습니다. 먼저 '바빠 연산법'의 곱셈, 나눗셈으로 연습하여, 분수와 소수 계산을 잘하기 위한 기본기 먼저 다져 보세요.

수학이 어려운 6학년 학생이라면?

6학년이 되었는데 아직도 수학이 너무 어렵다고요? 걱정하지 말아요. 지금부터 시작해도 충분히 할 수 있어요! 먼저 진단 평가로 어느 부분이 부족한지 파악하세요. 곱셈이나 나눗셈 계산이 힘든지, 분수가 어려운지 또는 소수 계산에 시간이 너무 오래 걸리는지 확인해 각 단점을 보완할 수 있는 '바빠 연산법' 시리즈의 곱셈, 나눗셈, 분수, 소수 중 1권씩 골라서 공부해 보세요. 6학년 친구들은 분수와 소수를 더 많이 풀어요.

중학교 수학이 걱정인 6학년 학생이라면?

중학교 수학, 생각만 해도 불안하죠? 초등학교에서 배운 수학의 기초가 튼튼하다면 중학교 수학도 얼마든지 잘할 수 있으니 걱정하지 말아요.
기본 연산 훈련이 충분히 되어 있다면, 중학교 수학에서 꼭 필요한 분수 영역을 '바빠 연산법' 분수로 학습해 튼튼한 기초를 다져 보세요. 그런 다음 '바빠 중학 연산'으로 중학 수학을 공부하세요!

▸5, 6학년 연산을 **총정리하고 싶은 친구**는 곱셈→ 나눗셈→ 분수→ 소수 순서로 풀어 보세요.

바빠 수학, 학원에서는 이렇게 활용해요!

도움말: 더원수학 김민경 원장(네이버 '바빠 공부단 카페' 바빠쌤)

✪ 학습 결손 해결, 1:1 맞춤 보충 교재는? '바빠 연산법'

영역별로 집중 훈련하도록 구성되어, 학생별 1:1 맞춤 수업 교재로 사용합니다. 분수가 부족한 학생은 분수로 빠르게 결손을 보강하고, 기초 연산 실력이 부족한 친구들은 곱셈, 나눗셈으로 기본 연산부터 훈련합니다. 부족한 부분만 핀셋으로 콕! 집듯이 공부할 수 있어 좋아요!

숙제나 보충 교재로 활용한다면 기존 수업 방식에 큰 변화 없이도 부족한 연산 결손을 보강할 수 있어 활용도가 높습니다.

✪ 다음 학기 선행은? '바빠 교과서 연산'

'바빠 교과서 연산'은 학기 중 진도 따라 풀어도 좋은 책이지만 방학 동안 다음 학기 선행을 준비할 때도 큰 도움이 됩니다. 일단 쉽기 때문입니다. 교과서 순서대로 빠르게 공부할 수 있어 짧은 방학 동안 부담 없이 학습할 수 있습니다. 첫 번째 교과 수학 선행 책으로 추천합니다.

✪ 서술형 대비는? '나 혼자 푼다! 수학 문장제'

연산 영역을 보강한 학생 중 서술형을 어려워하는 학생은 마지막에 꼭 '나 혼자 푼다! 수학 문장제'를 추가로 수업합니다. 학교 교과 수준의 어렵지도 쉽지도 않은 딱 적당한 난이도라, 공부하기 좋아요. 다양한 꿀팁과 친절한 설명이 담겨 있는 시리즈로, 학생 혼자서도 충분히 풀 수 있어 숙제로 내주기도 합니다.

차례

진단 평가

'차근차근 문제를 풀어 더 정확하게 확인하겠다!' 면 20문항을 모두 풀고,
'빠르게 확인하고 계획을 세울 자신이 있다!' 면 짝수 문항만 풀어 보세요.

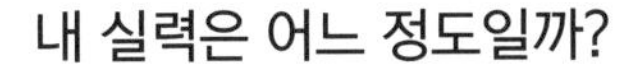

15분 진단

평가 문항: **20문항**

5학년은 풀지 않아도 됩니다.
➔ 바로 20일 진도로 진행!

진단할 시간이 부족할 때

7분 진단

평가 문항: **10문항**

학원이나 공부방 등에서
진단 시간이 부족할 때 사용!

시계가 준비됐나요?
자! 이제, 제시된 시간 안에 진단 평가를 풀어 본 후
16쪽의 '권장 진도표'를 참고하여 공부 계획을 세워 보세요.

나눗셈 진단 평가

3학년~5학년 과정

나눗셈을 하세요.

❶ $2\overline{)86}$

② $7\overline{)48}$

❸ $5\overline{)85}$

④ $4\overline{)90}$

❺ $6\overline{)726}$

⑥ $4\overline{)574}$

❼ $8\overline{)208}$

⑧ $5\overline{)432}$

❾ $30\overline{)86}$

⑩ $14\overline{)98}$

바빠

나눗셈을 하세요.

⑪ $90\overline{)352}$

⑫ $23\overline{)161}$

⑬ $17\overline{)250}$

⑭ $34\overline{)204}$

⑮ $60\overline{)825}$

⑯ $13\overline{)514}$

⑰ $16\overline{)368}$

⑱ $57\overline{)427}$

계산하세요.

⑲ $42-75\div5\times2+6=$

⑳ $15+2\times(13-4)\div3=$

나만의 공부 계획을 세워 보자

다 맞았어요! → 예 → **10일 진도표**로 공부하면서 푸는 속도를 높여 보자!

아니요 ↓

1~5번을 못 풀었어요. → 예 → **'바쁜 3·4학년을 위한 빠른 나눗셈'** 편을 먼저 풀고 다시 도전!

아니요 ↓

6~16번에 틀린 문제가 있어요. → 예 → 첫째 마당부터 차근차근 풀어 보자! **20일 진도표**로 공부 계획을 세워 보자!

아니요 ↓

17~20번에 틀린 문제가 있어요. → 예 → 단기간에 끝내는 **10일 진도표**로 공부 계획을 세워 보자!

권장 진도표

★	20일 진도	10일 진도
1일	01 ~ 02	01 ~ 04
2일	03 ~ 04	05 ~ 07
3일	05 ~ 06	08 ~ 09
4일	07	10 ~ 11
5일	08	12 ~ 13
6일	09	14 ~ 16
7일	10 ~ 11	17 ~ 18
8일	12	19
9일	13	20
10일	14	21 ~ 24
11일	15	
12일	16	
13일	17	
14일	18	
15일	19	
16일	20	
17일	21	
18일	22	
19일	23	
20일	24	

진단 평가 정답

① 43　② 6 … 6　③ 17　④ 22 … 2　⑤ 121　⑥ 143 … 2
⑦ 26　⑧ 86 … 2　⑨ 2 … 26　⑩ 7　⑪ 3 … 82　⑫ 7
⑬ 14 … 12　⑭ 6　⑮ 13 … 45　⑯ 39 … 7　⑰ 23　⑱ 7 … 28
⑲ 18　⑳ 21

첫째 마당

(두 자리 수)÷(한 자리 수)

(두 자리 수)÷(한 자리 수)는 3학년 때 배운 내용으로, 가장 기본이 되는 나눗셈이에요. 쉽다고 건너뛰진 말아요. 계산 과정을 쓰지 않고 몫과 나머지를 암산으로 구할 수 있는지 확인해 보는 것도 중요하니까요. 기초를 튼튼하게 다진다는 생각으로 집중해서 빠르게 풀어 보세요!

공부할 내용!	완료	10일 진도	20일 진도
01 나눗셈은 높은 자리부터 차례대로 나누자	☑	1일차	1일차
02 계산이 맞는지 확인하는 습관을 기르자	☐		
03 십의 자리에서 나누어지면 몫도 십의 자리에!	☐		2일차
04 (두 자리 수)÷(한 자리 수) 종합 문제	☐		

01 나눗셈은 높은 자리부터 차례대로 나누자

✪ 몫이 두 자리 수인 (몇십)÷(몇)

(몇)÷(몇)을 계산한 값에 0을 [1] ☐ 개 붙입니다.

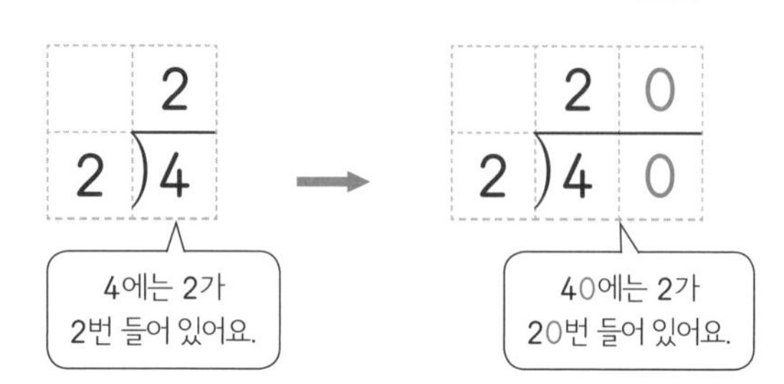

✪ 몫이 두 자리 수이고 나머지가 없는 (두 자리 수)÷(한 자리 수)

❶ 먼저 십의 자리 수를 나눕니다.

❷ 십의 자리에서 남은 수는 [2] ☐ 의 자리 수와 함께 나눕니다.

❶ 십의 자리 계산
7÷2= 3 …1

❷ 일의 자리 계산
12÷2= 6

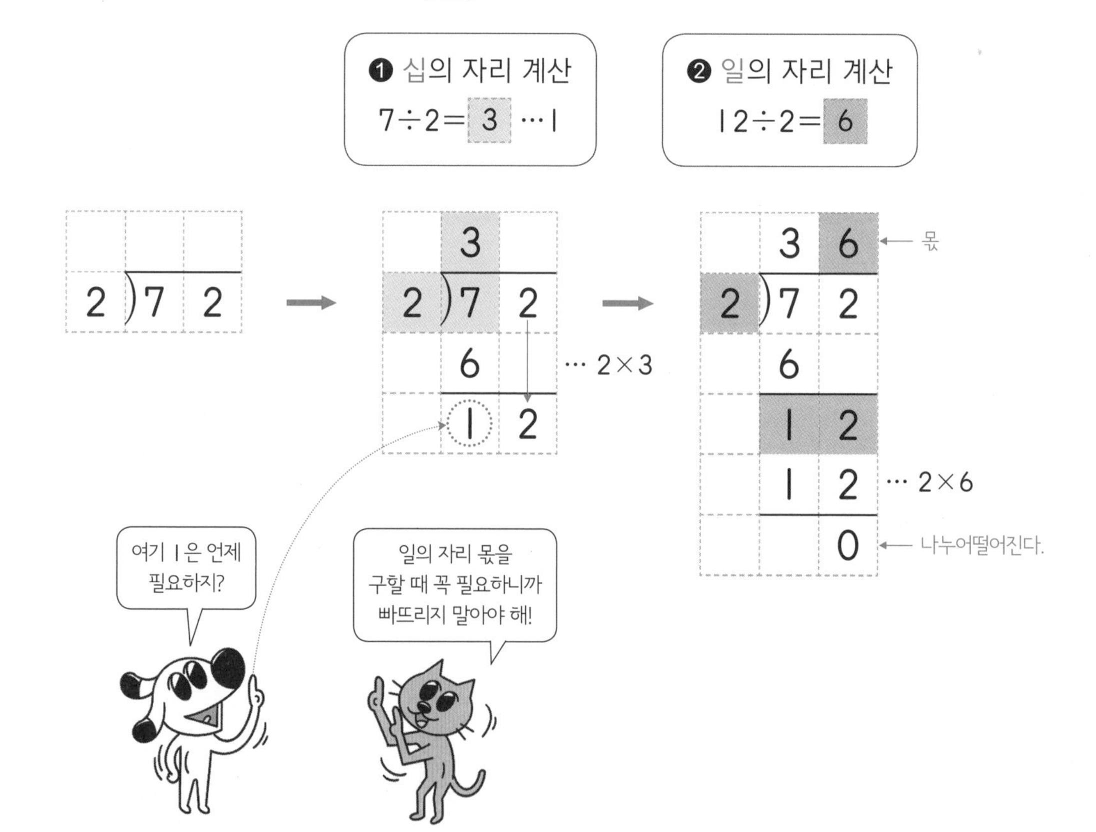

1. 1, 2. 일

A

$2\overline{)24}$ → 12

나누어지는 수를 앞에서부터 나누어요.
나눗셈의 몫은 앞에서부터 차례대로 구해야 해요.

나눗셈을 하세요.

❶ $2\overline{)60}$

❷ $3\overline{)36}$

❸ $4\overline{)56}$

❹ $3\overline{)75}$

❺ $2\overline{)48}$

❻ $4\overline{)60}$

❼ $4\overline{)52}$

❽ $3\overline{)90}$

❾ $2\overline{)90}$

❿ $5\overline{)65}$

⓫ $6\overline{)84}$

⓬ $7\overline{)91}$

⓭ $2\overline{)58}$

⓮ $4\overline{)64}$

⓯ $5\overline{)95}$

$$3\overline{)45}\ \text{(몫 15를 4 위에)}\ [\times] \qquad 3\overline{)45}\ \text{(몫 15를 45 위에)}\ [\bigcirc]$$

몫을 정확한 위치에 쓰는 것도 중요해요.
몫을 나누어지는 수 바로 위에 써야 나누어지는 수를 다 나누었는지 알 수 있어요.

나눗셈을 하세요.

① $3\overline{)48}$

② $5\overline{)70}$

③ $4\overline{)76}$

④ $2\overline{)74}$

⑤ $3\overline{)87}$

⑥ $4\overline{)92}$

⑦ $5\overline{)85}$

⑧ $3\overline{)54}$

⑨ $2\overline{)72}$

⑩ $6\overline{)90}$

⑪ $7\overline{)84}$

⑫ $8\overline{)96}$

⑬ $5\overline{)75}$

⑭ $2\overline{)98}$

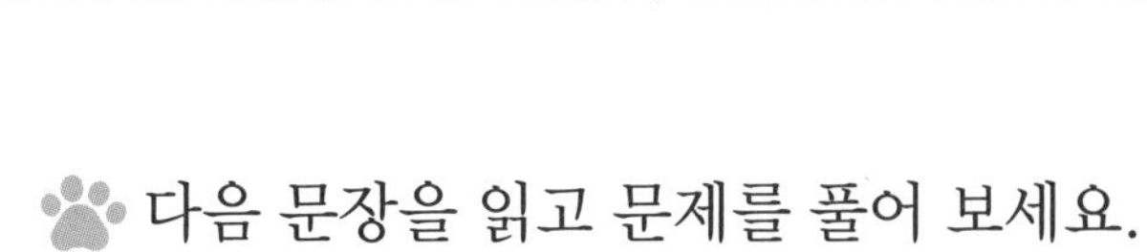

도전! 땅 짚고 헤엄치는 문장제

쉬운 문장제로 연산의 기본 개념을 익혀 봐요!

다음 문장을 읽고 문제를 풀어 보세요.

1. 80개를 4묶음으로 나누면 한 묶음은 몇 개일까요?

   ____

2. 사탕 60개를 한 사람이 5개씩 먹으면 모두 몇 명이 먹을 수 있을까요?

   ____

3. 토마토 72개를 6상자에 똑같이 나누어 담았다면 한 상자에 몇 개씩 담았을까요?

   ____

4. 장미 45송이를 3개의 꽃병에 똑같이 나누어 꽂으려고 합니다. 꽃병 한 개에는 몇 송이씩 꽂을 수 있을까요?

   ____

5. 연우네 반 학생 32명이 의자 한 개에 2명씩 앉으려고 합니다. 필요한 의자는 모두 몇 개일까요?

   ____

계산이 맞는지 확인하는 습관을 기르자

✪ 몫이 한 자리 수이고 나머지가 있는 (두 자리 수)÷(한 자리 수)

4)23 → 4)23

4>2이니까 2를 4로 나눌 수 없어요!

```
      5  ← 몫
  4)2 3
    2 0  … 4×5
      3  ← 나머지
```

23을 4로 나누면 몫은 [1] ☐ 이고 [2] ☐(나머지) 는 3입니다.

✪ 나눗셈을 바르게 계산했는지 확인하기

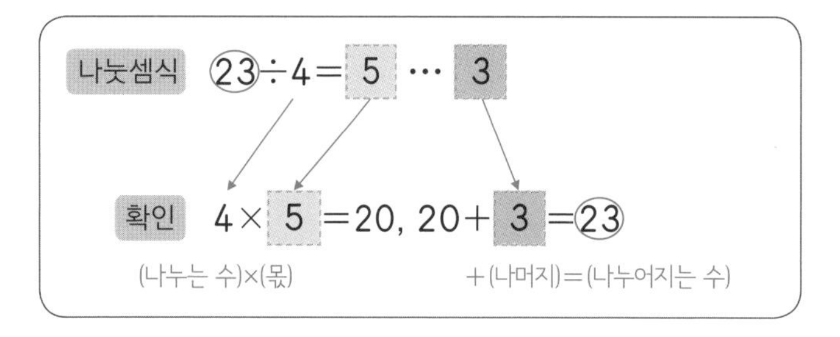

나누는 수와 몫의 곱에 나머지를 더했을 때 나누어지는 수가 되어야 해요.

앗! 실수

- 나머지가 나누는 수보다 작은지 꼭 확인해요!

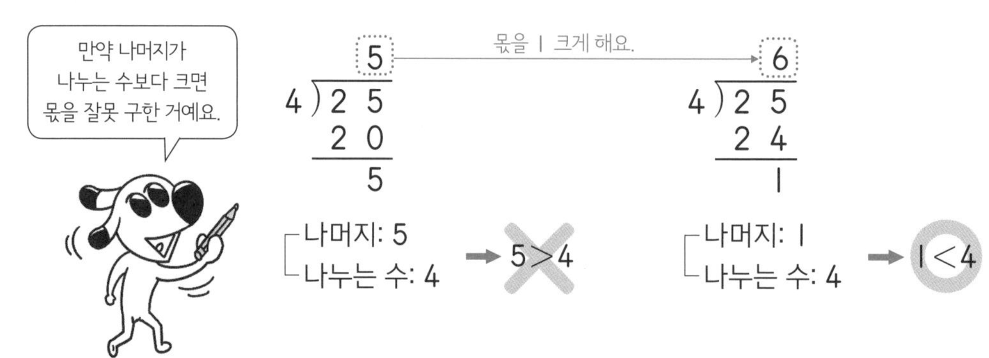

1. 5 2. 나머지

몫 나머지

$$4\overline{)25}\ \ 6\cdots1$$

계산 과정을 쓰지 않고도 몫과 나머지가 나오면 (몫)···(나머지)로 간단하게 나타내 봐요.

나눗셈을 하세요.

① $2\overline{)5}$ □···□

② $3\overline{)8}$

③ $4\overline{)9}$

④ $6\overline{)10}$ □···□

⑤ $5\overline{)13}$

⑥ $7\overline{)15}$

⑦ $3\overline{)16}$

⑧ $8\overline{)18}$

⑨ $9\overline{)21}$

⑩ $4\overline{)26}$

⑪ $5\overline{)28}$

⑫ $7\overline{)30}$

확인 ___ × ___ = ___, ___ + ___ = ___

확인 ______, ______

확인 ______, ______

나눗셈에서 나머지는 더 이상 나눌 수 없을 때까지 나누고 남은 수예요.
나머지가 나누는 수보다 작을 때 더 이상 나눌 수 없게 되니까
나머지는 항상 나누는 수보다 작게 되는 거죠.

나눗셈을 하세요.

❶ 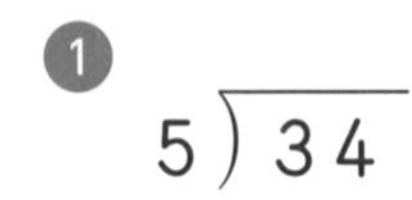
$5\overline{)34}$

❷ $7\overline{)36}$

❸ $8\overline{)41}$

❹ $9\overline{)35}$

❺ $6\overline{)50}$

❻ $7\overline{)52}$

❼ $6\overline{)56}$

❽ $8\overline{)58}$

❾ $8\overline{)60}$

❿ $7\overline{)62}$

⓫ $9\overline{)65}$

확인 ________, ________

확인 ________, ________

확인 ________, ________

나눗셈을 하세요.

❶ $4\overline{)21}$

❷ $3\overline{)22}$

❸ $5\overline{)28}$

❹ $7\overline{)61}$

❺ $5\overline{)41}$

❻ $6\overline{)53}$

❼ $9\overline{)67}$

❽ $8\overline{)63}$

❾ $5\overline{)44}$

❿ $6\overline{)51}$

⓫ $9\overline{)80}$

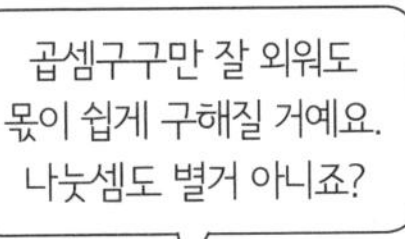

확인 ________________, ________________

확인 ________________, ________________

도전! 땅 짚고 헤엄치는 문장제

쉬운 문장제로 연산의 기본 개념을 익혀 봐요!

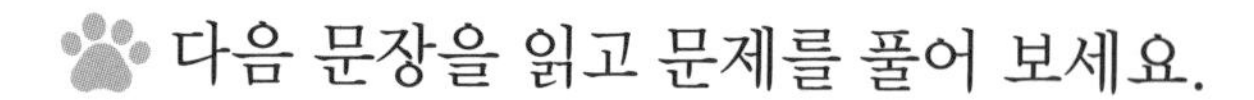

❶ 색종이가 26장 있습니다. 3명이 똑같이 나누어 가지면 한 명이 색종이를 몇 장씩 가질 수 있고, 몇 장이 남을까요?

________, ________

❷ 동화책 50권을 8개월 동안 똑같은 권수로 나누어 읽으려고 합니다. 한 달에 동화책을 몇 권씩 읽을 수 있고, 몇 권이 남을까요?

________, ________

❸ 달걀이 30개 있습니다. 달걀을 하루에 4개씩 먹으면 며칠을 먹을 수 있고, 달걀은 몇 개가 남을까요?

________, ________

❹ 길이가 60 cm인 색 테이프가 있습니다. 7 cm씩 자르면 몇 도막이 되고, 몇 cm가 남을까요?

________, ________

❺ 딸기 70개를 한 접시에 9개씩 나누어 담으면 몇 접시가 되고, 딸기는 몇 개가 남을까요?

________, ________

십의 자리에서 나누어지면 몫도 십의 자리에!

✪ 몫이 두 자리 수이고 나머지가 있는 (두 자리 수)÷(한 자리 수)

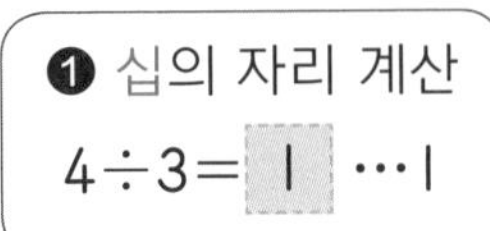

❷ 일의 자리 계산
17÷3=5 … 2

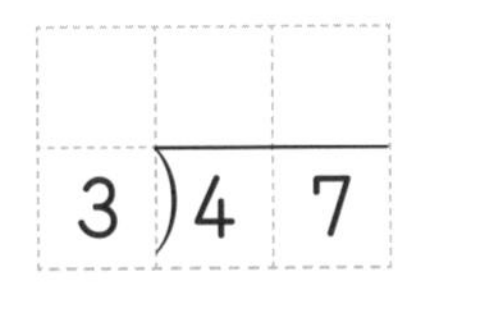

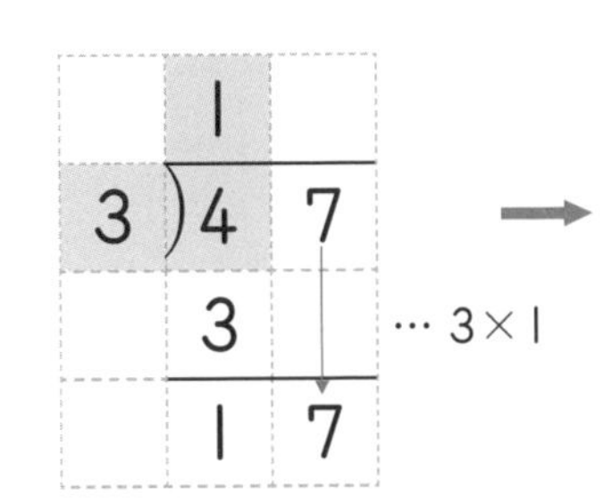

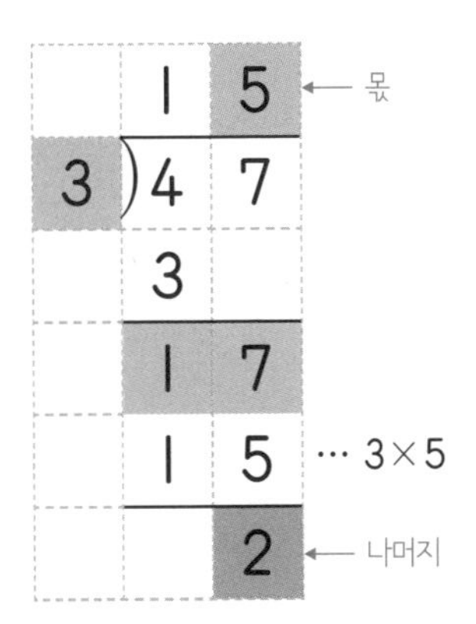

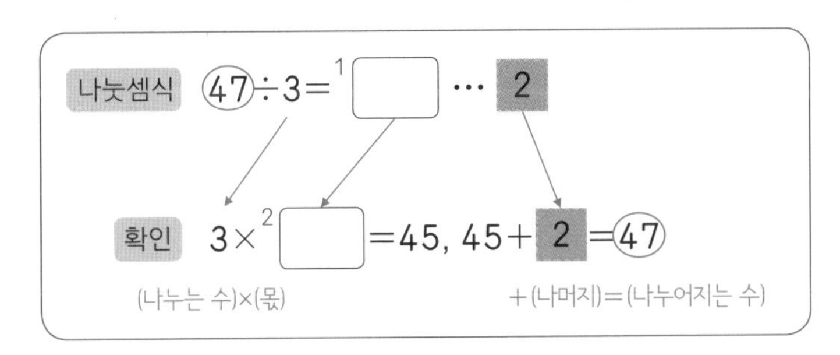

앗! 실수

- **십의 자리에서 남은 수를 빠뜨리면 안 돼요!**

십의 자리 몫을 구한 다음 남은 수를 쓰지 않아 틀리는 경우가 있어요. 남은 수를 반드시 쓰고 일의 자리에서 내려 쓴 수와 합친 다음 일의 자리 몫을 구해야 해요.

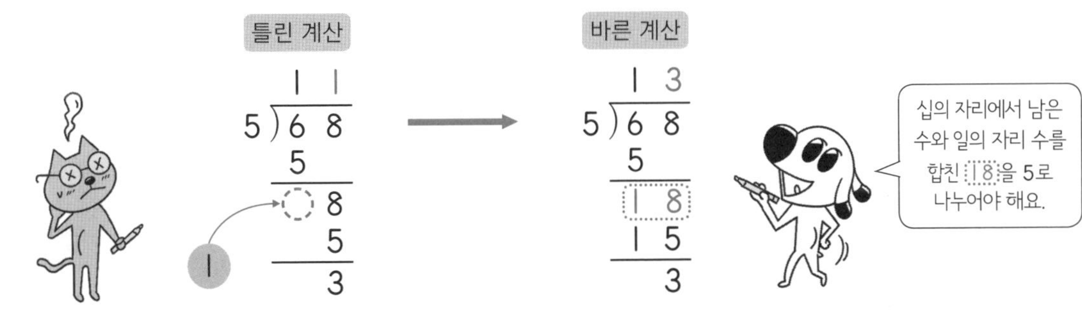

십의 자리의 몫을 구할 때 남은 수가 있는지, 남은 수를 제대로 썼는지, 나머지는 나누는 수보다 작은지 등을 확인하면서 풀어 봐요.

나눗셈을 하세요.

① $2\overline{)23}$

② $3\overline{)32}$

③ $2\overline{)35}$

④ $4\overline{)41}$

⑤ $3\overline{)46}$

⑥ $2\overline{)53}$

⑦ $3\overline{)56}$

⑧ $4\overline{)59}$

⑨ $5\overline{)61}$

⑩ $6\overline{)63}$

⑪ $2\overline{)75}$

⑫ $7\overline{)83}$

확인 ______, ______

확인 ______, ______

확인 ______, ______

(나누는 수)×(몫)에 나머지를 더했을 때 나누어지는 수가 되는지 확인하면 나눗셈의 계산이 맞는지 알 수 있어요.

나눗셈을 하세요.

❶ $4\overline{)50}$

❷ $2\overline{)57}$

❸ $3\overline{)62}$

❹ $6\overline{)71}$

❺ $5\overline{)74}$

❻ $4\overline{)77}$

❼ $7\overline{)78}$

❽ $5\overline{)82}$

❾ $8\overline{)86}$

❿ $6\overline{)89}$

⓫ $7\overline{)92}$

⓬ $9\overline{)95}$

확인 ______________, ______________

확인 ______________, ______________

확인 ______________, ______________

이제 (두 자리 수)÷(한 자리 수)는 자신감이 생겼나요?
이 마당까지 마무리가 되면 다음 마당에서는 (세 자리 수)÷(한 자리 수)에 도전해 봐요!

나눗셈을 하세요.

① $2\overline{)39}$

② $3\overline{)44}$

③ $4\overline{)54}$

④ $5\overline{)78}$

⑤ $4\overline{)86}$

⑥ $6\overline{)77}$

⑦ $5\overline{)63}$

⑧ $3\overline{)74}$

⑨ $7\overline{)82}$

⑩ $8\overline{)90}$

⑪ $4\overline{)97}$

확인 ______________, ______________

확인 ______________, ______________

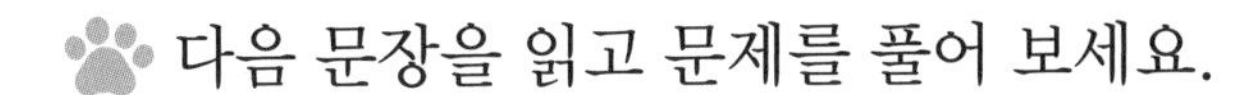

다음 문장을 읽고 문제를 풀어 보세요.

1. 지오네 반 37명이 3명씩 한 모둠이 되어 모형 만들기를 하려고 합니다. 몇 모둠이 될 수 있고, 몇 명이 남을까요?

   ________, ________

2. 사과 53개를 한 봉지에 5개씩 나누어 담았습니다. 몇 봉지에 담을 수 있고, 몇 개가 남을까요?

   ________, ________

3. 초콜릿 51개를 4명이 똑같이 나누어 가지려고 합니다. 몇 개씩 가질 수 있고, 몇 개가 남을까요?

   ________, ________

4. 동화책 80권을 책꽂이 한 칸에 6권씩 꽂으려고 합니다. 몇 칸에 꽂을 수 있고, 몇 권이 남을까요?

   ________, ________

5. 7인승 승합차에 90명이 모두 타려고 합니다. 적어도 몇 대의 승합차가 필요할까요?

   ____

5 90명이 7명씩 타면 남은 사람이 생기죠? 남은 사람도 승합차에 타야 하니까 구한 몫에 1을 더해 줘야 해요.

섞어 연습하기

04 (두 자리 수)÷(한 자리 수) 종합 문제

나눗셈을 하세요.

❶ $2\overline{)28}$

❷ $3\overline{)41}$

❸ $2\overline{)76}$

❹ $6\overline{)35}$

❺ $2\overline{)53}$

❻ $5\overline{)65}$

❼ $8\overline{)96}$

❽ $7\overline{)50}$

❾ $3\overline{)69}$

❿ $4\overline{)37}$

⓫ $5\overline{)74}$

⓬ $6\overline{)81}$

계산이 끝나면 가장 먼저
(나누는 수)>(나머지)인지 꼭 확인해요!

나누는 수 > 나머지

나눗셈을 하세요.

❶ $3\overline{)74}$

❷ $5\overline{)80}$

❸ $4\overline{)56}$

❹ $7\overline{)93}$

❺ $2\overline{)78}$

❻ $6\overline{)84}$

❼ $9\overline{)68}$

❽ $5\overline{)93}$

❾ $3\overline{)83}$

❿ $2\overline{)99}$

⓫ $4\overline{)76}$

⓬ $8\overline{)94}$

보기 와 같이 □ 안에 알맞은 수를 써넣으세요.

보기

$32 \div 4 = \boxed{8}$, $40 \div 5 = \boxed{8}$, $48 \div 6 = \boxed{8}$, $56 \div 7 = \boxed{8}$, $64 \div 8 = \boxed{8}$

➡ $32 \div 4 = 40 \div 5 = 48 \div 6 = 56 \div 7 = 64 \div 8 = \boxed{8}$

❶ $45 \div 5 = \boxed{54} \div 6 = \boxed{63} \div 7 = \square \div 8 = \square \div 9 = 9$

❷ $40 \div 4 = \boxed{50} \div 5 = \square \div 6 = \square \div 7 = \square \div 8 = 10$

❸ $44 \div 4 = \square \div 5 = \square \div 6 = \square \div 7 = \square \div 8 = 11$

❹ $48 \div 4 = \square \div 5 = \square \div 6 = \square \div 7 = \square \div 8 = 12$

❺ $39 \div 3 = \square \div 4 = \square \div 5 = \square \div 6 = \square \div 7 = 13$

❻ $42 \div 3 = \square \div 4 = \square \div 5 = \square \div 6 = \square \div 7 = 14$

❼ $30 \div 2 = \square \div 3 = \square \div 4 = \square \div 5 = \square \div 6 = 15$

❽ $32 \div 2 = \square \div 3 = \square \div 4 = \square \div 5 = \square \div 6 = 16$

나눗셈의 나머지가 적힌 길을 따라가면 도토리 창고에 갈 수 있습니다. 나머지를 구해 길을 따라가 보세요.

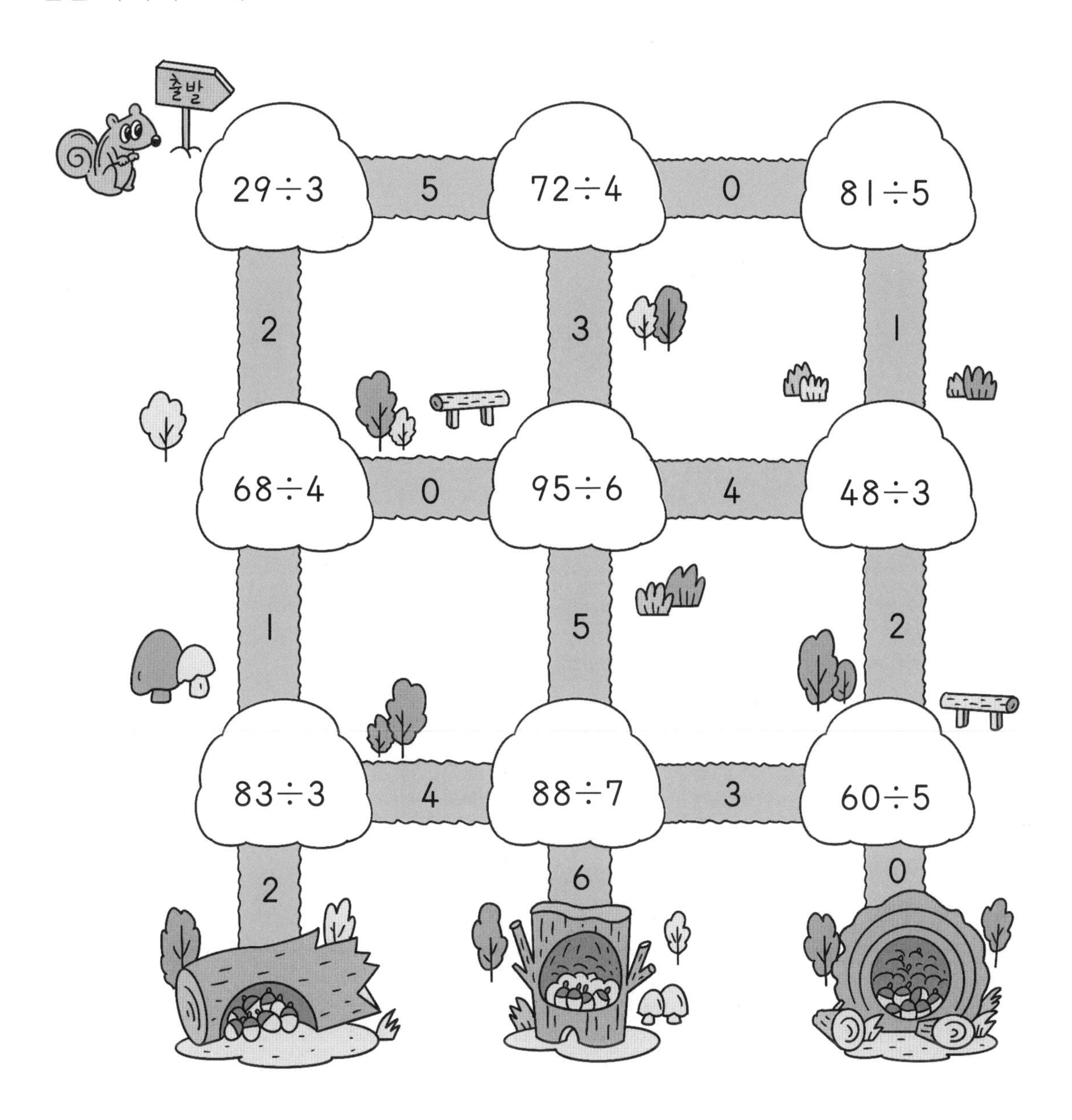

나눗셈 기초 훈련 끝!
첫째 마당의 (두 자리 수)÷(한 자리 수)는
나눗셈 계산의 가장 기초가 되는 훈련이에요.
만약 틀린 문제가 있다면 익숙해질 때까지
연습하고 넘어가세요!

÷는 어떻게 만들어졌을까요?

나눗셈 기호 '÷'는 1600년대 말, 스위스 사람인 하인리히 라안이 처음으로 사용했어요. 라안은 분수 모양을 보면서 이 기호를 만들었다고 해요. 그래서일까요? 나누기 기호를 찬찬히 들여다보면 그 모양이 분수의 형태와 같아요.

그런데 나눗셈 기호는 나라마다 다르게 사용한대요. 한국, 미국, 영국, 일본에서는 '÷'를 사용하고, 대부분의 다른 나라에서는 분수나 ':' 기호를 사용해요.

둘째 마당

(세 자리 수)÷(한 자리 수)

첫째 마당에서 연습한 (두 자리 수)÷(한 자리 수)에서 나누어지는 수가 세 자리로 커졌을 뿐 계산 원리는 똑같아요. 나머지가 있는 경우 바르게 계산했는지 확인하는 습관을 길러서 정확도를 높여 보세요.

공부할 내용!	완료	10일 진도	20일 진도
05 (두 자리 수)÷(한 자리 수)를 떠올려 봐	□	2일차	3일차
06 몫이 세 자리 수이고, 나머지가 있는 계산	□		
07 나누어지지 않으면 몫을 한 칸 오른쪽으로!	□		4일차
08 몫이 두 자리 수이고, 나머지가 있는 계산	□	3일차	5일차
09 (세 자리 수)÷(한 자리 수) 종합 문제	□		6일차

05 (두 자리 수)÷(한 자리 수)를 떠올려 봐

✿ 몫이 세 자리 수인 (세 자리 수)÷(한 자리 수)

각 자리의 나눗셈을 하고 [1] 남은 수는 내려서 다음 자리의 나눗셈을 합니다.

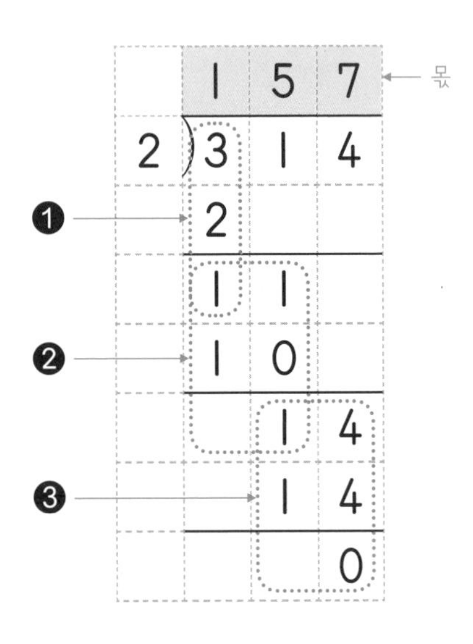

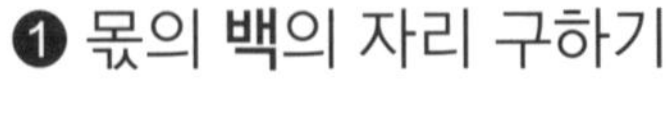

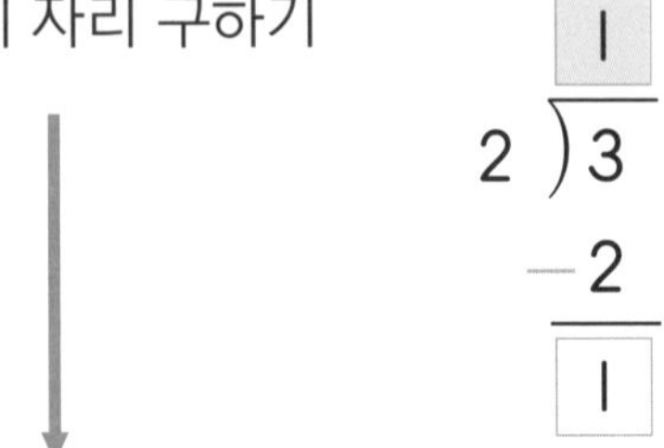

❷ 몫의 [2] ☐의 자리 구하기

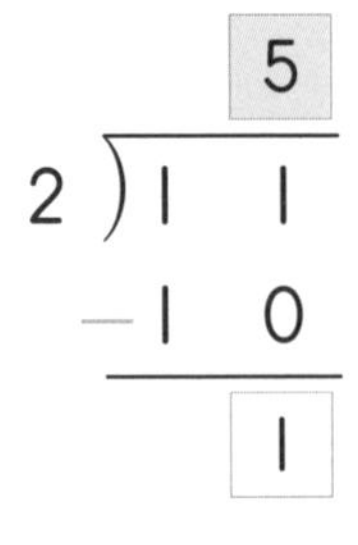

❸ 몫의 **일**의 자리 구하기

7
2)1 4
−1 4
0

바빠 꿀팁!

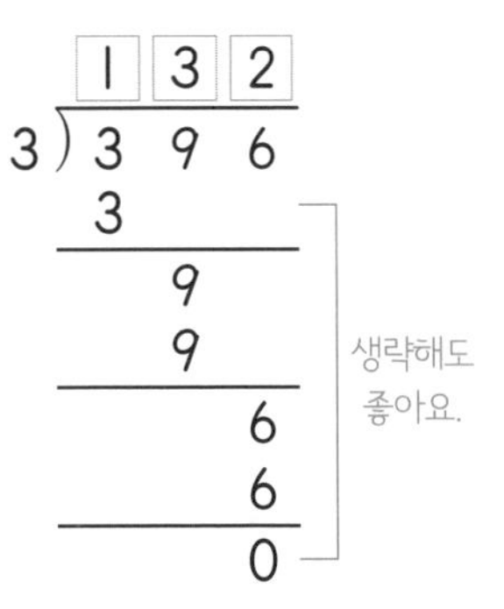

내림이나 나머지가 없는 나눗셈을 할 때는 계산 과정을 생략하고 몫을 구할 수 있어요.

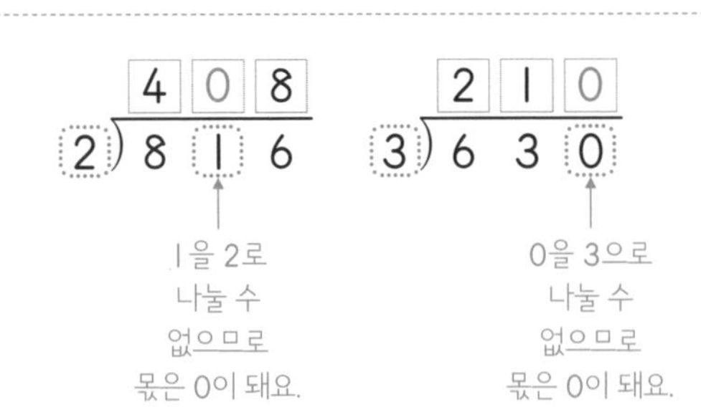

(나누어지는 수)<(나누는 수)라서 나눌 수 없을 때는 몫의 자리에 0을 써 줘요.

1. 남은 2. 십

나누는 수가 한 자리 수인 경우는 나누어지는 수가
두 자리 수이든 세 자리 수이든 계산 원리가 똑같아요.
(세 자리 수)÷(한 자리 수)도 높은 자리부터 차례대로 나누어 봐요.

나눗셈을 하세요.

❶ $2\overline{)264}$

❷ $3\overline{)639}$

❸ $4\overline{)484}$

❹ $5\overline{)550}$

❺ $2\overline{)628}$

❻ $7\overline{)707}$

❼ $3\overline{)969}$

❽ $4\overline{)840}$

❾ $2\overline{)418}$

❿ $5\overline{)525}$

⓫ $3\overline{)624}$

⓬ $8\overline{)872}$

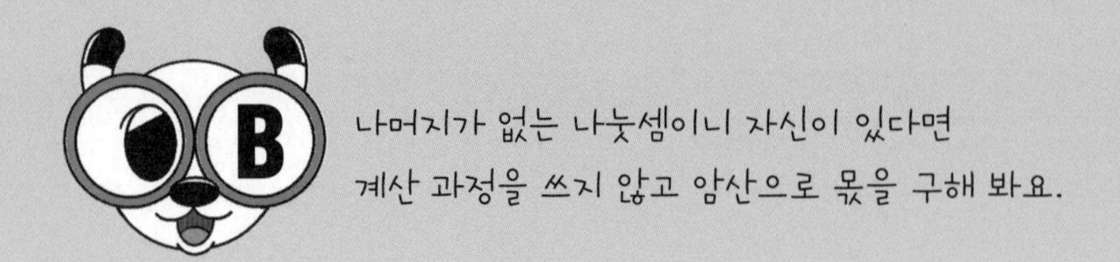

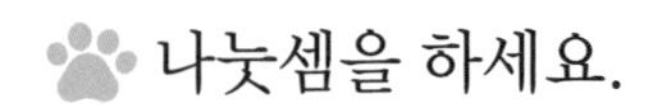
나눗셈을 하세요.

❶ 2) 256

❷ 3) 432

❸ 2) 378

❹ 3) 585

❺ 2) 532

❻ 4) 580

❼ 5) 615

❽ 3) 771

❾ 2) 754

❿ 2) 510

⓫ 6) 822

나머지가 없는 나눗셈의 몫을 바르게 구했는지 확인하는 방법은 간단해요.
(나누는 수)×(몫)=(나누어지는 수)인지 빠르게 확인해 봐요.

나눗셈을 하세요.

❶ $2\overline{)392}$

❷ $3\overline{)747}$

❸ $4\overline{)672}$

❹ $5\overline{)710}$

❺ $2\overline{)574}$

❻ $7\overline{)854}$

❼ $2\overline{)952}$

❽ $4\overline{)752}$

❾ $8\overline{)976}$

❿ $3\overline{)864}$

⓫ $5\overline{)925}$

도전! 땅 짚고 헤엄치는 문장제

쉬운 문장제로 연산의 기본 개념을 익혀 봐요!

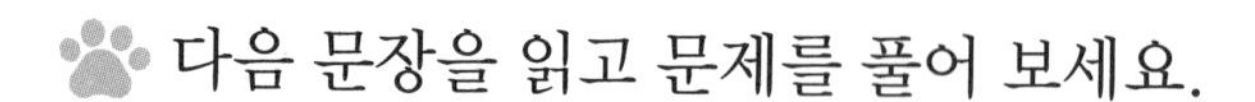

다음 문장을 읽고 문제를 풀어 보세요.

① 246명을 두 팀으로 똑같이 나누면 한 팀은 몇 명이 될까요?

____

② 연필 484자루를 4상자에 똑같이 나누어 담으려고 합니다. 한 상자에 연필을 몇 자루씩 담을 수 있을까요?

____

③ 구슬 555개를 3개의 주머니에 똑같이 나누어 담으려고 합니다. 한 주머니에 구슬을 몇 개씩 담을 수 있을까요?

____

④ 오이 635개를 5상자에 똑같이 나누어 담으려고 합니다. 한 상자에 오이를 몇 개씩 담아야 할까요?

____

⑤ 매일 같은 양의 우산을 만드는 공장에서 3일 동안 우산 975개를 만들었습니다. 하루에 만든 우산은 몇 개일까요?

____

몫이 세 자리 수이고, 나머지가 있는 계산

✪ 몫이 세 자리 수이고, 나머지가 있는 (세 자리 수)÷(한 자리 수)

❶ 백의 자리, 십의 자리, [1] ☐의 자리 순서로 계산합니다.

❷ 각 자리의 나눗셈을 하고 남은 수는 내려서 다음 자리의 나눗셈을 합니다.

❸ 몫과 나머지를 구한 다음, 계산이 맞는지 [2] 확인 합니다.

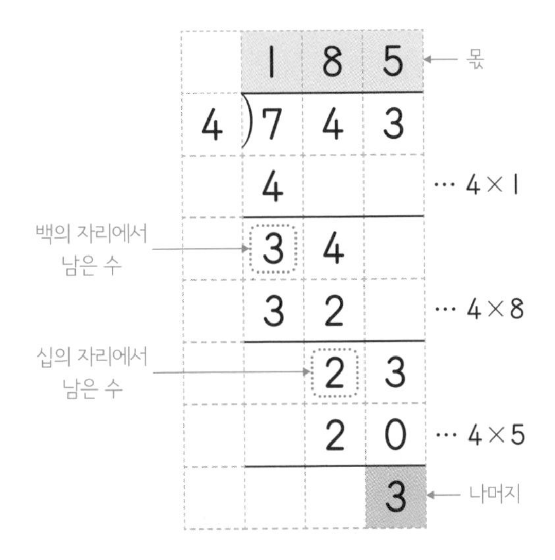

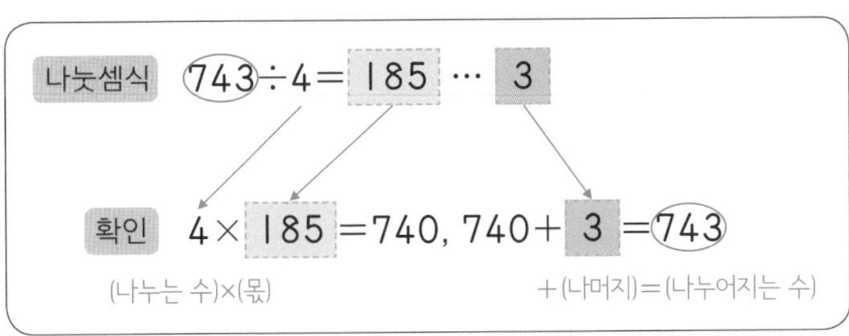

• 나눗셈의 몫과 나머지를 간단하게 나타내요.

몫 187 ··· 나머지 2
3) 5 6 3

계산이 끝나고 나서 나머지를 몫 옆에 쓰면
(나누는 수)>(나머지)인지 한눈에 보이고,
계산이 맞는지 확인하기 쉬워져서 실수를 줄일 수 있어요.

1. 일 2. 확인

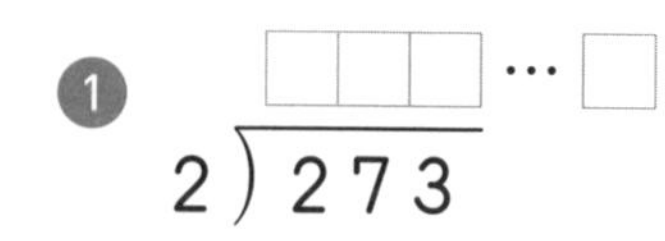

몫과 나머지를 잘 구했는지 알아보려면 (나누는 수)×(몫)에 나머지를 더해 나누어지는 수가 되는지 확인하면 돼요.

나눗셈을 하세요.

① $2\overline{)273}$ □□□ … □

② $3\overline{)356}$

③ $4\overline{)523}$

④ $2\overline{)391}$

⑤ $4\overline{)749}$

⑥ $3\overline{)532}$

⑦ $5\overline{)687}$

⑧ $6\overline{)856}$

⑨ $7\overline{)957}$

⑩ $2\overline{)537}$

⑪ $5\overline{)742}$

⑫ $8\overline{)943}$

확인 ______________, ______________

확인 ______________, ______________

확인 ______________, ______________

각 자리의 나눗셈을 하고 남은 수는 꼭 쓰고 다음 계산에서 함께 나누기! 기억하죠?

나눗셈을 하세요.

① $2\overline{)317}$

② $5\overline{)524}$

③ $4\overline{)614}$

④ $5\overline{)593}$

⑤ $3\overline{)499}$

⑥ $6\overline{)740}$

⑦ $3\overline{)706}$

⑧ $2\overline{)749}$

⑨ $5\overline{)634}$

⑩ $3\overline{)857}$

⑪ $4\overline{)795}$

⑫ $7\overline{)859}$

확인 ______, ______

확인 ______, ______

확인 ______, ______

계산이 맞는지 확인하는 방법이 있으니 나눗셈은 틀릴 일이 없겠죠?

나눗셈을 하세요.

① $2\overline{)343}$

② $3\overline{)500}$

③ $5\overline{)982}$

④ $4\overline{)673}$

⑤ $6\overline{)736}$

⑥ $2\overline{)737}$

⑦ $3\overline{)791}$

⑧ $4\overline{)905}$

⑨ $8\overline{)942}$

⑩ $2\overline{)991}$

⑪ $7\overline{)948}$

⑫ $3\overline{)824}$

확인 ________, ________

확인 ________, ________

확인 ________, ________

도전! 땅 짚고 헤엄치는 문장제

쉬운 문장제로 연산의 기본 개념을 익혀 봐요!

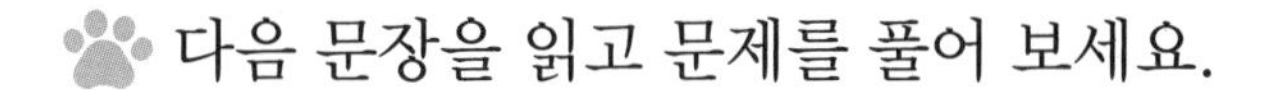

다음 문장을 읽고 문제를 풀어 보세요.

❶ 구슬 572개를 5개씩 묶으면 몇 묶음이 되고, 몇 개가 남을까요?

______, ______

❷ 식혜 385L를 한 병에 3L씩 나누어 담으면 몇 병이 되고, 몇 L가 남을까요?

______, ______

❸ 연필 473자루를 한 명에게 4자루씩 나누어 주려고 합니다. 연필을 몇 명에게 나누어 줄 수 있고, 몇 자루가 남을까요?

______, ______

❹ 옥수수 735개를 한 자루에 6개씩 똑같이 나누어 담으면 몇 자루가 되고, 몇 개가 남을까요?

______, ______

❺ 밤 828개를 8상자에 똑같이 나누어 담으려고 합니다. 한 상자에 밤을 몇 개씩 담을 수 있고, 몇 개가 남을까요?

______, ______

나누어지지 않으면 몫을 한 칸 오른쪽으로!

✪ 몫이 두 자리 수인 (세 자리 수)÷(한 자리 수)

나누어지는 수의 백의 자리 수가 나누는 수보다 작으면 몫의 위치는 십의 자리로 옮깁니다.

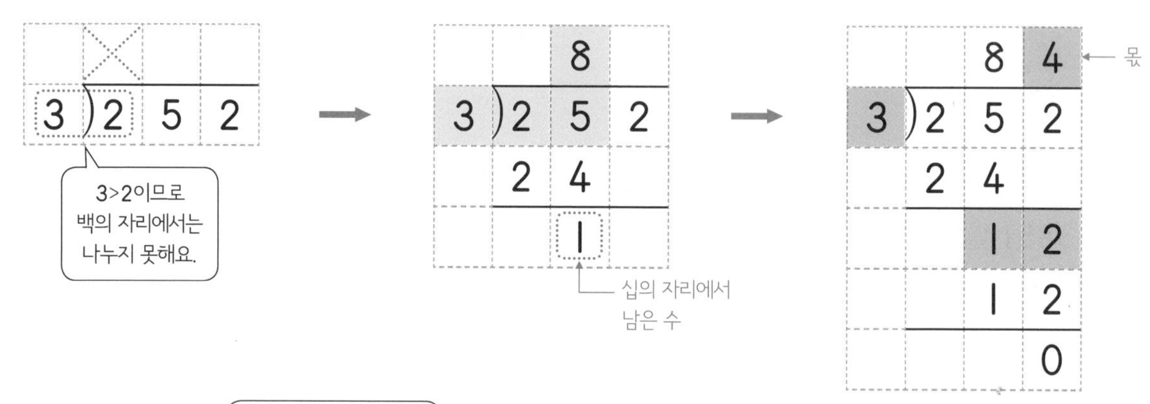

앗! 실수

• 몫의 끝자리에 주의해요.

```
    9 4               9 4  ← 오른쪽 끝에 맞춰요.
4 ) 3 7 6   →   4 ) 3 7 6
   (×)             (○)
```

• 나눗셈을 하고 남은 수는 꼭 써 줘요.

```
      9 1               9 4
4 ) 3 7 6   →   4 ) 3 7 6
    3 6             3 6
    -----           -----
        6             1 6
        4             1 6
    -----           -----
        2               0
   (×)             (○)
```

나누어지는 수의 백의 자리 수가 나누는 수보다 큰지 작은지 확인해 봐요.

나눗셈을 하세요.

1. $2\overline{)140}$

2. $3\overline{)165}$

3. $4\overline{)276}$

4. $5\overline{)325}$

5. $6\overline{)270}$

6. $7\overline{)532}$

7. $3\overline{)228}$

8. $9\overline{)342}$

9. $5\overline{)450}$

10. $4\overline{)348}$

11. $8\overline{)536}$

12. $7\overline{)602}$

몫을 제 위치에 쓰고 있는지 확인하면서 문제를 풀어 봐요.

나눗셈을 하세요.

① $3\overline{)141}$

② $4\overline{)376}$

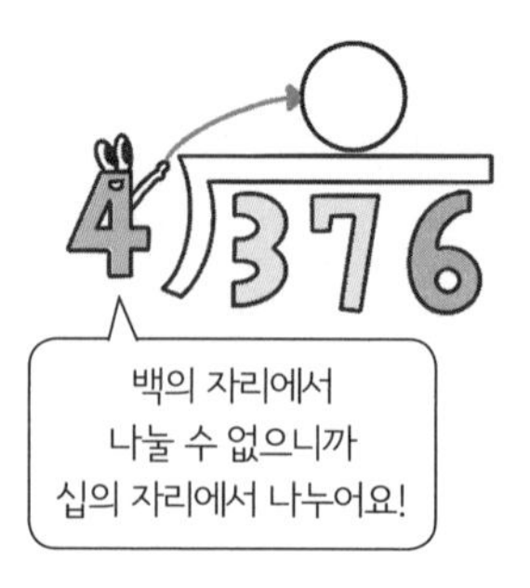

③ $6\overline{)396}$

④ $5\overline{)285}$

⑤ $9\overline{)252}$

⑥ $2\overline{)116}$

⑦ $8\overline{)216}$

⑧ $4\overline{)340}$

⑨ $5\overline{)270}$

⑩ $7\overline{)441}$

⑪ $9\overline{)657}$

$$\begin{array}{r} 6 \\ 2\overline{)134} \\ \underline{12} \\ 14 \end{array}$$

나누어떨어지지 않는 수는 내려 써서 다음 자리의 수와 함께 나누었죠?
이거 안 하면 엉뚱한 답이 나와요!

나눗셈을 하세요.

① $4\overline{)140}$

② $2\overline{)134}$

③ $3\overline{)192}$

④ $3\overline{)255}$

⑤ $5\overline{)385}$

⑥ $4\overline{)236}$

⑦ $6\overline{)522}$

⑧ $7\overline{)525}$

⑨ $9\overline{)603}$

⑩ $7\overline{)686}$

⑪ $9\overline{)801}$

⑫ $8\overline{)760}$

도전! 땅 짚고 헤엄치는 문장제

쉬운 문장제로 연산의 기본 개념을 익혀 봐요!

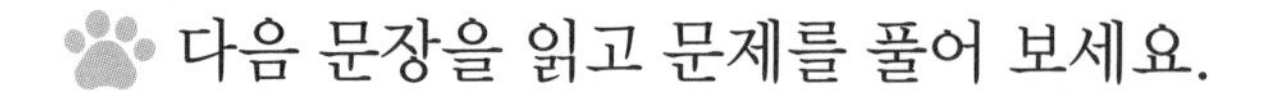

1. 색연필 150자루를 3묶음으로 똑같이 나누면 한 묶음에 색연필이 몇 자루일까요?

   ____

2. 탁구공 252개를 7상자에 똑같이 나누어 담으려고 합니다. 상자 한 개에 몇 개씩 담을 수 있을까요?

   ____

3. 지훈이네 학교 학생 312명이 8명씩 한 모둠이 되어 체육 활동을 하려고 합니다. 모두 몇 모둠이 될 수 있을까요?

   ____

4. 미니파이 408개를 한 봉지에 6개씩 넣어 팔려고 합니다. 모두 몇 봉지를 팔 수 있을까요?

   ____

5. 사탕 702개를 9개씩 묶어 사탕 목걸이를 만들려고 합니다. 모두 몇 개를 만들 수 있을까요?

   ____

08 몫이 두 자리 수이고, 나머지가 있는 계산

✪ 몫이 두 자리 수이고, 나머지가 있는 (세 자리 수)÷(한 자리 수)

❶ 각 자리의 나눗셈을 하고 남은 수는 내려서 다음 자리의 나눗셈을 합니다.

❷ 몫과 나머지를 구한 다음, 계산이 맞는지 확인합니다.

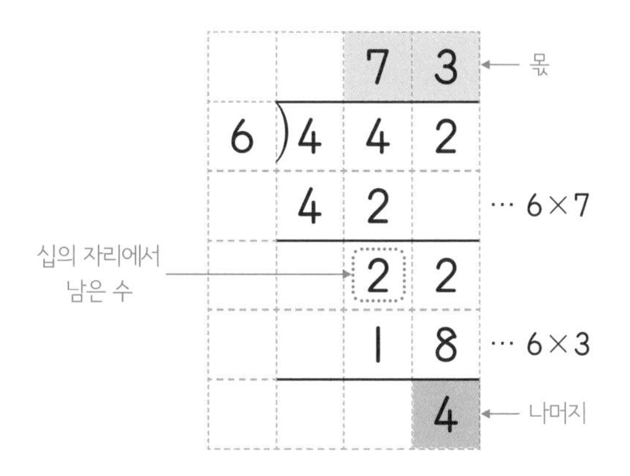

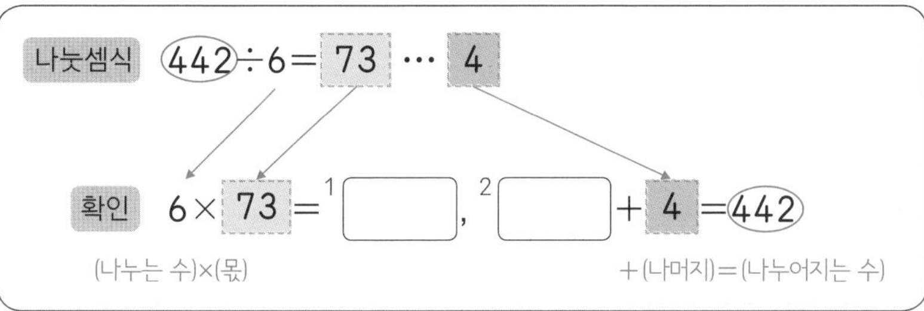

앗! 실수

• 나누어지는 수가 나누는 수보다 작으면 나눌 수 없어요!

5)240에서 5)2의 몫은 구할 수 없으므로 5)24의 몫을 구해요.

4 / 5)240 ✕	04 / 5)240 ✕	4 / 5)240 ○
몫의 위치를 잘못 썼어요.	0을 맨 앞에 쓰면 안 돼요.	몫을 십의 자리 위에 바르게 썼어요.

1. 438 2. 438

$2\overline{)107}$에서 $2\overline{)1}$의 몫은 구할 수 없으므로 $2\overline{)10}$부터 구해야겠죠?

나눗셈을 하세요.

① $2\overline{)107}$

② $4\overline{)215}$

③ $3\overline{)148}$

④ $5\overline{)339}$

⑤ $2\overline{)135}$

⑥ $6\overline{)256}$

⑦ $7\overline{)438}$

⑧ $8\overline{)645}$

⑨ $3\overline{)256}$

⑩ $6\overline{)374}$

⑪ $9\overline{)413}$

⑫ $7\overline{)521}$

확인 __________, __________

확인 __________, __________

확인 __________, __________

답이 틀린 것 같으면 (나누는 수)×(몫)에 나머지를 더했을 때 나누어지는 수가 되는지 확인해요.

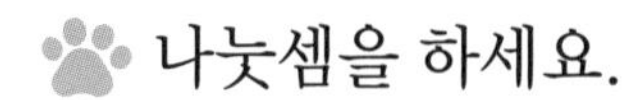

나눗셈을 하세요.

❶ 2)173

❷ 3)197

❸ 4)139

❹ 6)291

❺ 5)282

❻ 8)219

❼ 3)224

❽ 7)458

❾ 4)315

❿ 9)526

⓫ 9)673

⓬ 8)475

확인 ______, ______

확인 ______, ______

확인 ______, ______

몫의 위치가 바른지, 남은 수를 내려 써서 함께 나누었는지,
(나머지)<(나누는 수)인지를 꼭 확인하면서 풀어요.

나눗셈을 하세요.

① $2\overline{)153}$

② $6\overline{)165}$

③ $4\overline{)275}$

④ $3\overline{)262}$

⑤ $7\overline{)382}$

⑥ $7\overline{)274}$

⑦ $5\overline{)427}$

⑧ $7\overline{)606}$

⑨ $4\overline{)375}$

⑩ $6\overline{)527}$

⑪ $8\overline{)741}$

⑫ $9\overline{)800}$

확인 __________, __________

확인 __________, __________

확인 __________, __________

도전! 땅 짚고 헤엄치는 문장제

쉬운 문장제로 연산의 기본 개념을 익혀 봐요!

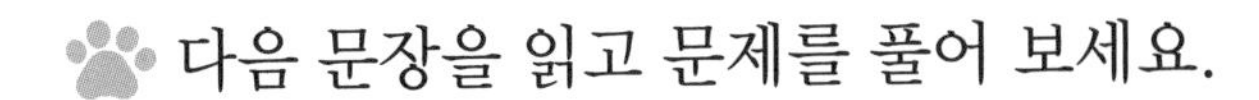

다음 문장을 읽고 문제를 풀어 보세요.

① 끈 190cm를 8cm씩 자르면 몇 도막이 되고, 몇 cm가 남을까요?

__________, __________

② 공책 364권을 한 명에게 5권씩 나누어 주려고 합니다. 몇 명에게 나누어 줄 수 있고, 몇 권이 남을까요?

__________, __________

③ 바둑돌 400개를 7개의 통에 똑같이 나누어 담으려고 합니다. 한 통에 몇 개씩 담을 수 있고, 몇 개가 남을까요?

__________, __________

④ 수확한 감자 250개를 한 봉지에 9개씩 나누어 담으려고 합니다. 봉지는 몇 개 필요하고, 남은 감자는 몇 개일까요?

__________, __________

⑤ 학생 340명이 강당에 모였습니다. 6명씩 앉을 수 있는 긴 의자에 모두 앉으려면 의자는 최소한 몇 개 필요할까요?

____

⑤ 340명이 6명씩 앉고 남은 학생이 생기죠? 남은 학생도 의자에 앉아야 하니까 구한 몫에 1을 더해 줘야 해요.

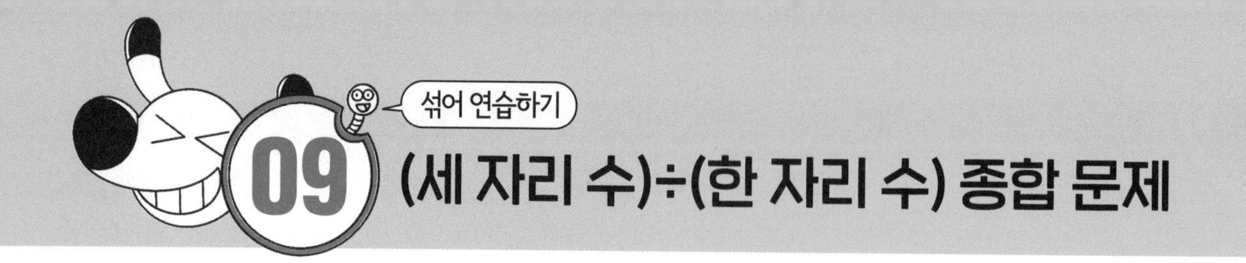

나눗셈을 하세요.

① $2\overline{)316}$

② $5\overline{)751}$

③ $4\overline{)371}$

④ $3\overline{)285}$

⑤ $6\overline{)440}$

⑥ $8\overline{)568}$

⑦ $5\overline{)317}$

⑧ $6\overline{)778}$

⑨ $3\overline{)467}$

⑩ $4\overline{)686}$

⑪ $7\overline{)826}$

⑫ $9\overline{)546}$

다 풀고 시간이 남으면 몫과 나머지를
바르게 구했는지 확인하고 넘어가요.

나눗셈을 하세요.

❶ $3\overline{)713}$

❷ $2\overline{)861}$

❸ $6\overline{)533}$

❹ $5\overline{)624}$

❺ $4\overline{)589}$

❻ $7\overline{)958}$

❼ $2\overline{)145}$

❽ $3\overline{)202}$

❾ $8\overline{)602}$

❿ $6\overline{)972}$

⓫ $9\overline{)765}$

⓬ $7\overline{)624}$

나눗셈을 하세요.

❶ $4\overline{)492}$

❷ $5\overline{)853}$

❸ $6\overline{)778}$

❹ $4\overline{)156}$

❺ $6\overline{)560}$

❻ $7\overline{)629}$

❼ $3\overline{)215}$

❽ $9\overline{)605}$

❾ $6\overline{)763}$

❿ $4\overline{)378}$

⓫ $7\overline{)553}$

⓬ $8\overline{)495}$

● 안의 수를 바깥 수로 나누어 큰 원의 빈 곳에 몫을 써넣고, 나머지는 ○ 안에 써넣으세요.

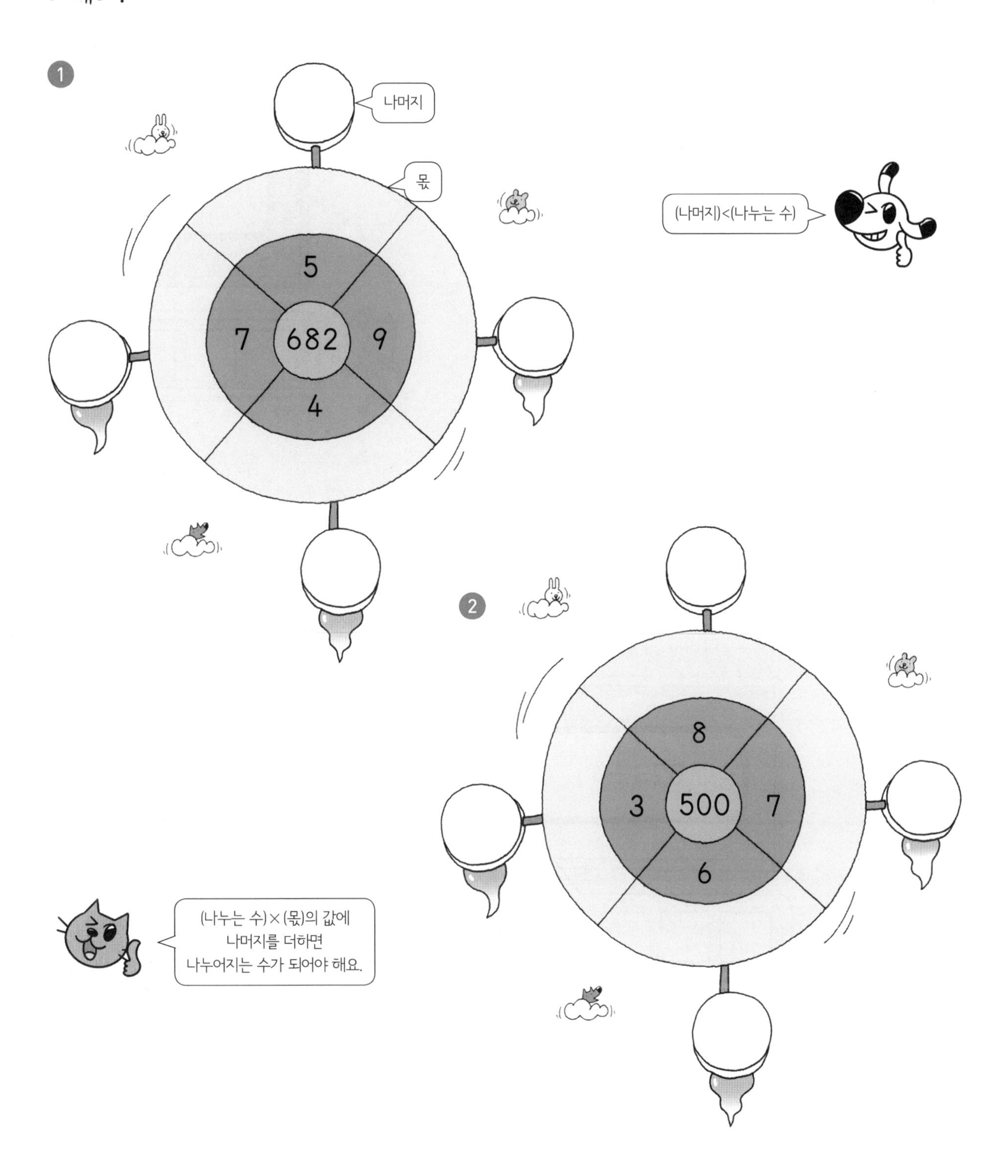

사물함의 비밀번호는 사물함에 적힌 나눗셈의 몫과 나머지를 앞에서부터 차례로 이어 쓰면 알 수 있습니다. 빈칸에 알맞은 수를 써넣어 비밀번호를 구하세요.

셋째 마당

(두 자리 수)÷(두 자리 수)

(두 자리 수)÷(두 자리 수)는 4학년 때 배웠어요. 4학년 때부터 수학이 어렵다는 얘기를 들었죠? 나눗셈이 갑자기 어려워지는 것도 바로 이 두 자리 수로 나눗셈을 하는 경우부터예요. 수를 단순하게 바꾸어 어림하는 감각을 키우면 나눗셈을 잘할 수 있어요.

공부할 내용!	완료	10일 진도	20일 진도
10 나머지는 나누는 수보다 항상 작아!	□	4일차	7일차
11 곱셈식을 이용해서 몫을 구하자!	□		
12 자주 틀리는 (두 자리 수)÷(두 자리 수) 집중 연습	□	5일차	8일차
13 (두 자리 수)÷(두 자리 수) 종합 문제	□		9일차

나머지는 나누는 수보다 항상 작아!

✪ 나머지가 있는 (몇십)÷(몇십)

(몇십)÷(몇십)의 몫은 (몇)÷(몇)의 몫과 같지만 나누어지는 수와 나누는 수가 10배 커졌으므로 나머지는 [1] ☐배로 커집니다.

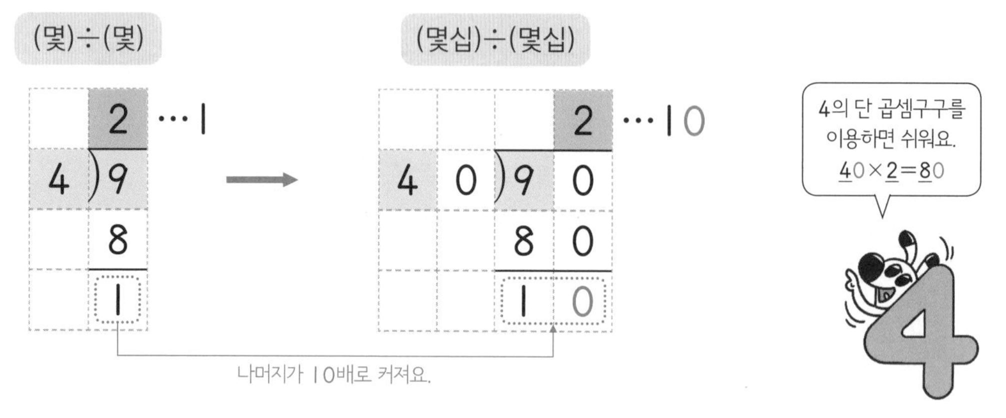

✪ 나머지가 있는 (두 자리 수)÷(몇십)

[2] ☐는 나누는 수보다 항상 작아야 하는 것에 주의하며 계산합니다.

7 < 30

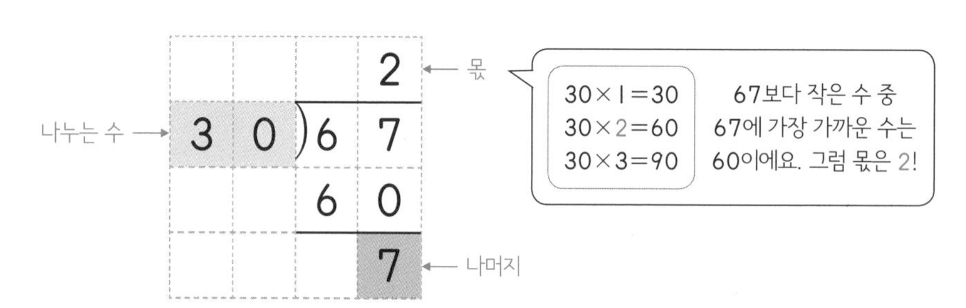

- **몫의 위치는 오른쪽 끝에 맞춰요!**

  몫은 정확한 위치에 써야 해요. 오른쪽 끝에 맞추어 쓰도록 주의하세요.

  40)82 (2 ← 조심! 여기에 쓰면 안 돼요.)

- **어림을 쉽게 하는 비법!**

  두 자리 수의 일의 자리 수를 손으로 가려서 몇십으로 생각할 수 있어요.

  40)82 ➡ 40)82

  80÷40은 2니까 쉽게 어림할 수 있지요?

1. 10 2. 나머지

나누는 수가 몇십이다 보니 곱셈구구를 외우는 느낌이죠?
쉬우니까 빨리 풀고 넘어가요.

나눗셈을 하세요.

① $20\overline{)80}$ = □

② $30\overline{)60}$ = □

③ $40\overline{)80}$

④ $20\overline{)62}$ = □ … □

⑤ $30\overline{)94}$ = □ … □

⑥ $40\overline{)47}$

⑦ $70\overline{)99}$

⑧ $20\overline{)73}$

⑨ $30\overline{)61}$

⑩ $60\overline{)94}$

⑪ $40\overline{)83}$

⑫ $10\overline{)90}$

⑬ $30\overline{)73}$

⑭ $20\overline{)92}$

⑮ $40\overline{)68}$

B 몇십으로 나누는 나눗셈은 쉬울 거예요. 쉬울수록 속도를 내서 빨리 풀 수 있는 실력을 기르는 것이 이 단계의 목표예요.

나눗셈을 하세요.

❶ $20\overline{)75}$

❷ $30\overline{)75}$

❸ $40\overline{)68}$

❹ $50\overline{)75}$

❺ $40\overline{)95}$

❻ $30\overline{)65}$

❼ $60\overline{)79}$

❽ $80\overline{)89}$

❾ $20\overline{)76}$

❿ $30\overline{)82}$

⓫ $60\overline{)91}$

⓬ $30\overline{)93}$

⓭ $50\overline{)84}$

⓮ $20\overline{)95}$

도전! 땅 짚고 헤엄치는 문장제

쉬운 문장제로 연산의 기본 개념을 익혀 봐요!

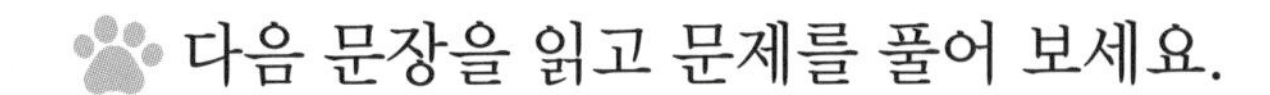
다음 문장을 읽고 문제를 풀어 보세요.

1. 곶감 80개를 한 상자에 40개씩 나누어 담으려고 합니다. 상자는 몇 개 필요할까요?

   ____

2. 90쪽짜리 동화책을 하루에 20쪽씩 읽었습니다. 하루에 20쪽씩 읽은 날은 며칠이고, 읽고 남은 동화책은 몇 쪽일까요?

   __________, __________

3. 가방 공장에서 만든 72개의 가방을 한 상자에 30개씩 포장하려고 합니다. 상자는 몇 개가 필요하고, 가방은 몇 개가 남을까요?

   __________, __________

4. 사탕이 87개 있습니다. 한 봉지에 40개씩 나누어 넣으면 몇 개가 남을까요?

   ____

5. 쌀 95 kg을 20 kg씩 자루에 나누어 담으려고 합니다. 몇 자루가 되고, 몇 kg이 남을까요?

   __________, __________

4 남은 사탕 수를 묻고 있어요. 나눗셈을 하고 난 나머지만을 답으로 해야 하는 것에 주의해요.

11 곱셈식을 이용해서 몫을 구하자!

✪ 두 자리 수끼리 나누기

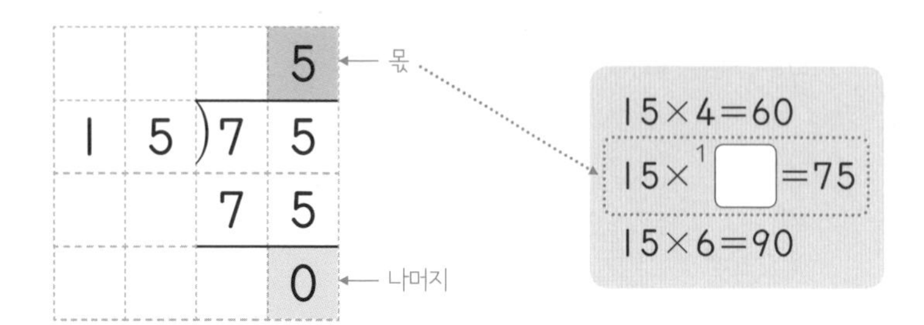

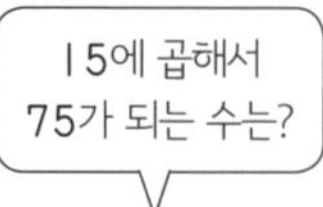

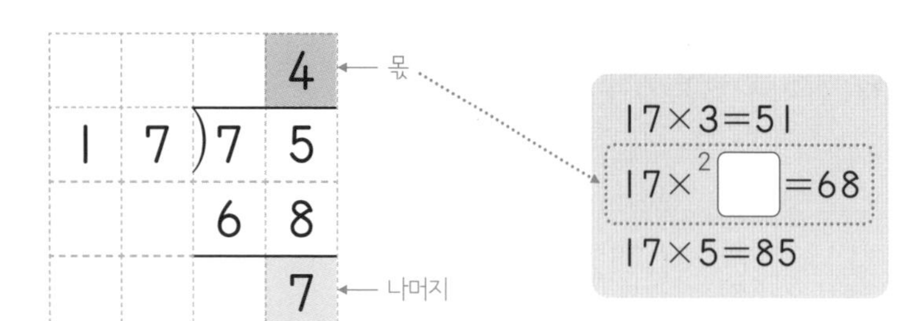

바빠 꿀팁!

- 몫을 잘못 구했을 땐 몫을 1 크게 하거나 1 작게 해 봐요!

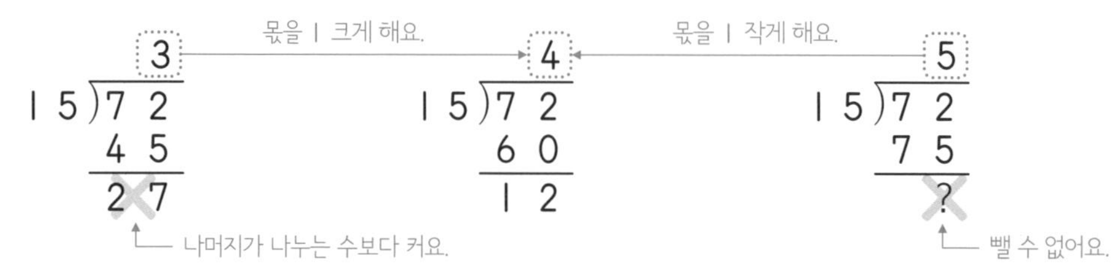

- 어림을 쉽게 하는 비법!

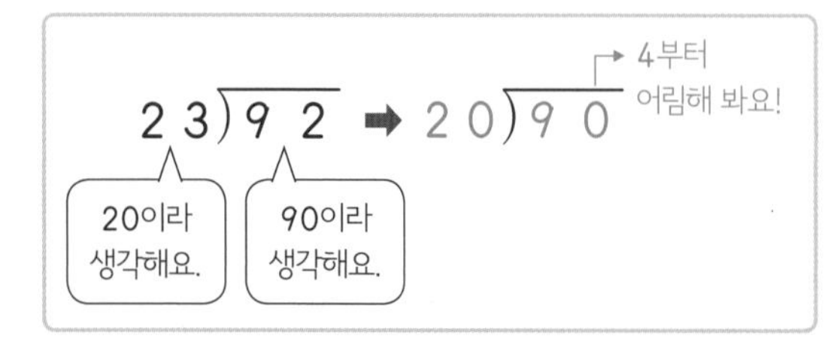

1.5 2.4

$$\begin{array}{r} 2 \\ 39\overline{)78} \\ 78 \\ \hline 0 \end{array}$$

어림해서 몫을 쉽게 구할 수도 있어요. 39는 40에 가까운 수이고, 78은 80에 가까운 수이므로 80÷40=8÷4=2로 몫을 어림한 후 직접 확인해 봐요.

나눗셈을 하세요.

❶ $13\overline{)39}$

❷ $15\overline{)45}$

❸ $16\overline{)80}$

❹ $18\overline{)72}$

❺ $19\overline{)95}$

❻ $22\overline{)66}$

❼ $25\overline{)50}$

❽ $26\overline{)78}$

❾ $28\overline{)56}$

❿ $31\overline{)93}$

⓫ $34\overline{)68}$

⓬ $37\overline{)74}$

어림해서 좀 더 쉽게 몫을 구할 수도 있어요. 92÷17의 경우 92는 90으로, 17은 20으로 생각해서 90÷20의 몫을 구해 보면 도움이 될 거예요.

나눗셈을 하세요.

① $12\overline{)30}$ □ … □

② $14\overline{)55}$

③ $16\overline{)82}$

④ $17\overline{)92}$

⑤ $19\overline{)84}$

⑥ $23\overline{)70}$

⑦ $26\overline{)74}$

⑧ $28\overline{)95}$

⑨ $29\overline{)90}$

⑩ $32\overline{)67}$

⑪ $35\overline{)96}$

⑫ $37\overline{)81}$

(나누는 수)×(몫)에 나머지를 더하면 나누어지는 수가 되는지 확인해 봐요.

나눗셈을 하세요.

① $11\overline{)80}$

② $15\overline{)67}$

③ $21\overline{)73}$

④ $13\overline{)94}$

⑤ $27\overline{)95}$

⑥ $33\overline{)82}$

⑦ $12\overline{)97}$

⑧ $34\overline{)74}$

⑨ $21\overline{)89}$

⑩ $18\overline{)70}$

⑪ $32\overline{)81}$

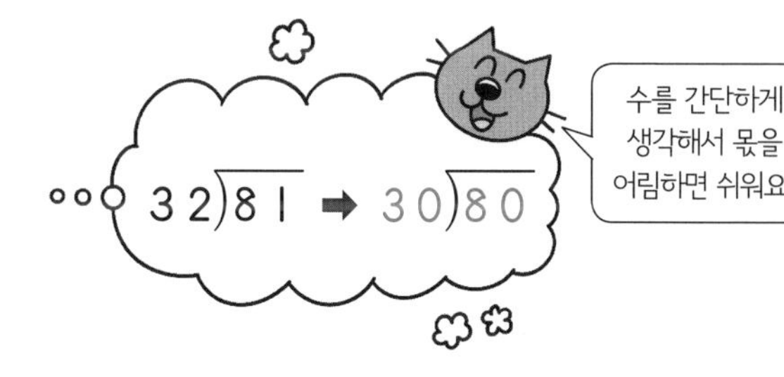

도전! 땅 짚고 헤엄치는 문장제

쉬운 문장제로 연산의 기본 개념을 익혀 봐요!

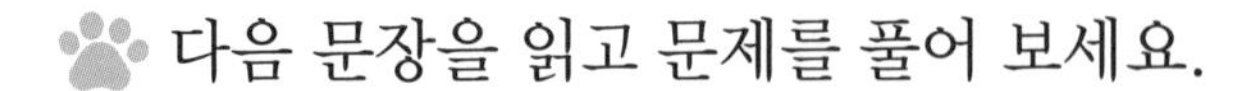

다음 문장을 읽고 문제를 풀어 보세요.

① 체리 60개를 하루에 12개씩 나누어 먹으려고 합니다. 며칠 동안 먹을 수 있을까요?

____

② 사과 40개를 한 상자에 16개씩 나누어 담으려고 합니다. 몇 상자에 담을 수 있고, 몇 개가 남을까요?

__________, __________

③ 장미꽃 80송이를 한 다발에 13송이씩 나누어 포장을 하려고 합니다. 몇 다발이 되고, 몇 송이가 남을까요?

__________, __________

④ 물고기 54마리를 어항 한 개에 15마리씩 나누어 넣으려고 합니다. 어항에 넣고 남은 물고기는 몇 마리일까요?

____

⑤ 95명의 학생이 버스 한 대에 38명씩 타려고 합니다. 모두 타려면 최소한 버스는 몇 대 필요할까요?

____

④ 남은 물고기의 수는 나머지를 물어 보는 거예요.

⑤ 95÷38의 몫을 구하고 나머지가 생기죠? 남은 학생도 버스에 타야 하니까 몫에 1을 더해 주는 것을 잊지 말아요!

12 자주 틀리는 (두 자리 수)÷(두 자리 수) 집중 연습

✪ (두 자리 수)÷(두 자리 수)의 실수하기 쉬운 유형

실수1 몫의 자리를 잘못 쓴 경우

몫은 [1] ☐쪽 끝자리에 맞추어 써야 합니다.

		4	
1	3	)5	2
		5	2
			0

→ 몫은 오른쪽 끝에 맞춰요!

			4
1	3	)5	2
		5	2
			0

이미 앞에서 알아온 실수들이에요. 알면서도 틀리는 경우가 많으니 더 연습해 봐요!

실수2 나머지가 나누는 수보다 큰 경우

[2] ☐는 나누는 수보다 작아야 합니다.

			4
1	6	)8	7
		6	4
		2	3

16 <

→ (나머지)<(나누는 수)를 꼭 확인해요!

			5
1	6	)8	7
		8	0
			7

실수3 몫은 바르게 구했으나 뺄셈이 틀린 경우

나누는 수와 몫의 곱에 나머지를 더하면 나누어지는 수가 되어야 합니다.

			3
2	4	)8	6
		7	2
			4

→ 나눗셈을 바르게 했는지 확인해요!

			3
2	4	)8	6
		7	2
		1	4

확인 $24\times3=72$, $72+4=76$ ✗

확인 $24\times3=72$, $72+14=$ [3] ☐

1. 오른 2. 나머지 3. 86

A 몫을 구하는 것도 중요하지만 나머지를 구하려면 뺄셈도 정확해야 해요.

나눗셈을 하세요.

① $11\overline{)29}$

② $13\overline{)59}$

③ $12\overline{)67}$

④ $14\overline{)43}$

⑤ $17\overline{)65}$

⑥ $22\overline{)87}$

⑦ $17\overline{)61}$

⑧ $23\overline{)85}$

⑨ $16\overline{)92}$

⑩ $24\overline{)77}$

⑪ $19\overline{)53}$

⑫ $26\overline{)90}$

확인 ____________, ____________

확인 ____________, ____________

확인 ____________, ____________

몫이 한 자리 수이니까 몫은 오른쪽 끝에 맞춰 써야 해요.

나눗셈을 하세요.

❶ $14\overline{)37}$

❷ $16\overline{)45}$

❸ $19\overline{)50}$

❹ $13\overline{)98}$

❺ $15\overline{)62}$

❻ $18\overline{)73}$

❼ $22\overline{)61}$

❽ $24\overline{)85}$

❾ $23\overline{)57}$

❿ $26\overline{)89}$

⓫ $27\overline{)76}$

⓬ $29\overline{)93}$

확인 ______, ______

확인 ______, ______

확인 ______, ______

시간이 걸리더라도 계산이 맞는지 확인하는 습관이 매우 중요해요.
(나누는 수)×(몫)에 나머지를 더하면 나누어지는 수가 되어야 해요.

나눗셈을 하세요.

❶ $16\overline{)41}$

❷ $24\overline{)86}$

❸ $13\overline{)92}$

❹ $27\overline{)87}$

❺ $18\overline{)53}$

❻ $36\overline{)86}$

❼ $17\overline{)79}$

❽ $31\overline{)96}$

❾ $29\overline{)80}$

❿ $12\overline{)99}$

⓫ $19\overline{)97}$

⓬ $22\overline{)81}$

확인 ______, ______

확인 ______, ______

확인 ______, ______

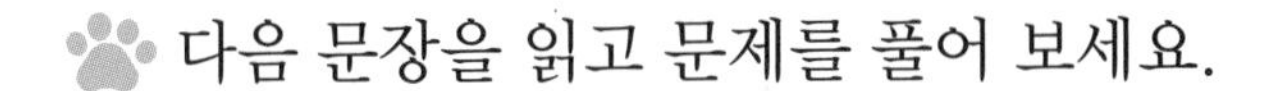

다음 문장을 읽고 문제를 풀어 보세요.

① 어린이 72명이 한 줄에 14명씩 줄을 서려고 합니다. 몇 줄이 되고, 몇 명이 남을까요?

________, ________

② 공장에서 생산한 냉장고 87대를 트럭 한 대에 22대씩 나누어 실었습니다. 남은 냉장고는 몇 대일까요?

____

③ 어떤 수를 23으로 나누었더니 몫이 3이고 나머지가 17이었습니다. 어떤 수를 구하세요.

____

④ 인형 69개를 진열대 한 칸에 11개씩 나누어 진열하려고 합니다. 몇 칸에 나누어 진열할 수 있고, 몇 개가 남을까요?

________, ________

⑤ 호두과자 90개를 친구 한 명에게 12개씩 나누어 주려고 합니다. 몇 명에게 나누어 줄 수 있고, 몇 개가 남을까요?

________, ________

② 남은 냉장고의 수는 나머지를 물어 보는 거예요.
③ (나누는 수)×(몫)에 나머지를 더한 수가 나누어지는 수(어떤 수)예요.

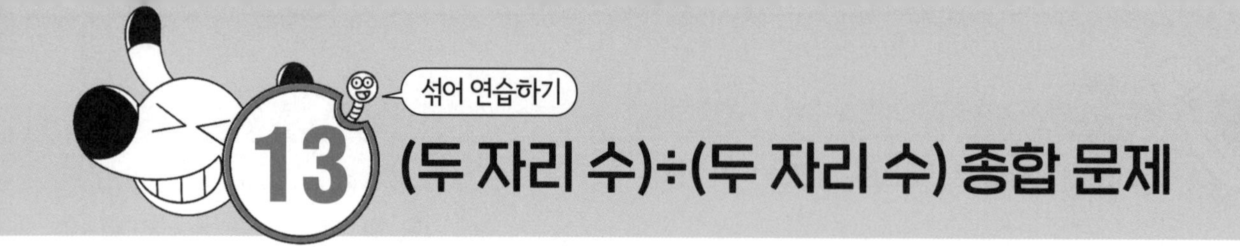

13 (두 자리 수)÷(두 자리 수) 종합 문제

섞어 연습하기

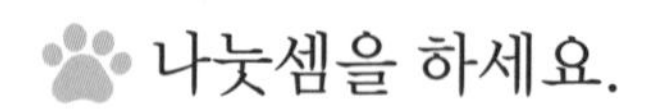

나눗셈을 하세요.

① $20\overline{)83}$

② $50\overline{)64}$

③ $37\overline{)56}$

④ $60\overline{)72}$

⑤ $35\overline{)87}$

⑥ $12\overline{)51}$

⑦ $16\overline{)69}$

⑧ $27\overline{)75}$

⑨ $31\overline{)78}$

⑩ $11\overline{)70}$

⑪ $25\overline{)67}$

⑫ $42\overline{)93}$

나눗셈을 잘하는 비결은
수를 단순하게 바꾸어 어림하기예요!

나눗셈을 하세요.

❶ $18\overline{)85}$

❷ $21\overline{)96}$

❸ $30\overline{)62}$

❹ $19\overline{)67}$

❺ $29\overline{)98}$

❻ $36\overline{)97}$

❼ $40\overline{)76}$

❽ $22\overline{)75}$

❾ $51\overline{)94}$

❿ $33\overline{)92}$

⓫ $28\overline{)76}$

⓬ $41\overline{)90}$

나눗셈을 하세요.

① $30\overline{)50}$

② $20\overline{)93}$

③ $16\overline{)66}$

④ $52\overline{)71}$

⑤ $18\overline{)65}$

⑥ $73\overline{)82}$

⑦ $14\overline{)72}$

⑧ $37\overline{)86}$

⑨ $27\overline{)92}$

⑩ $19\overline{)68}$

⑪ $35\overline{)97}$

⑫ $27\overline{)98}$

안의 수를 안의 수로 나눈 나머지가 안의 수가 되도록 두 수를 선으로 이어 보세요.

1

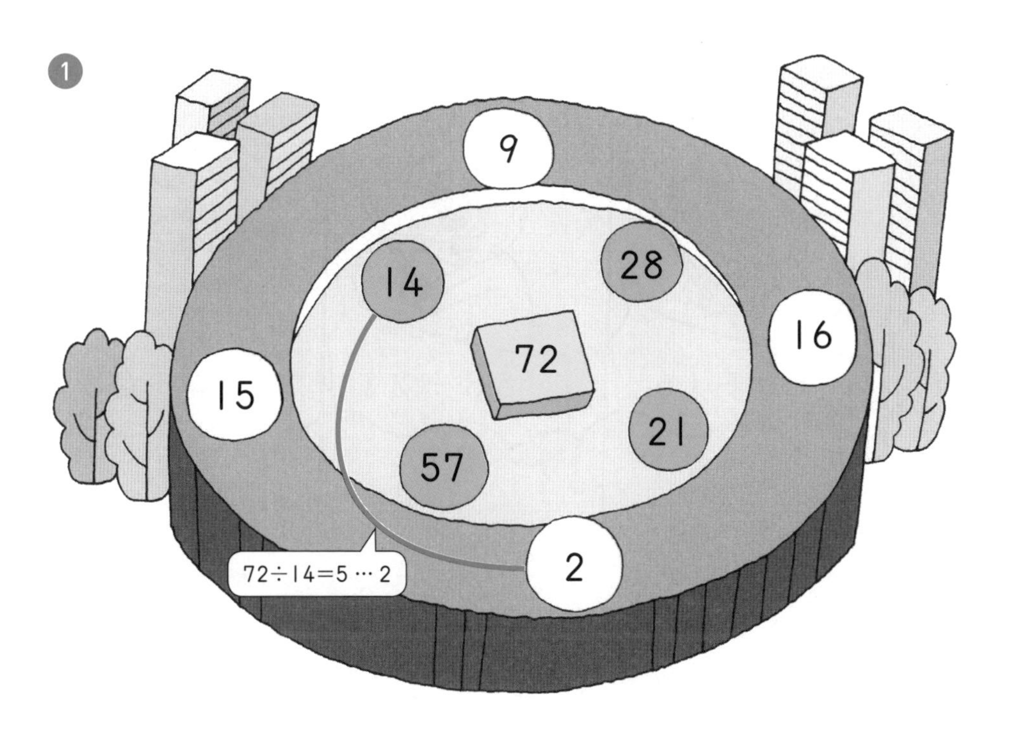

2

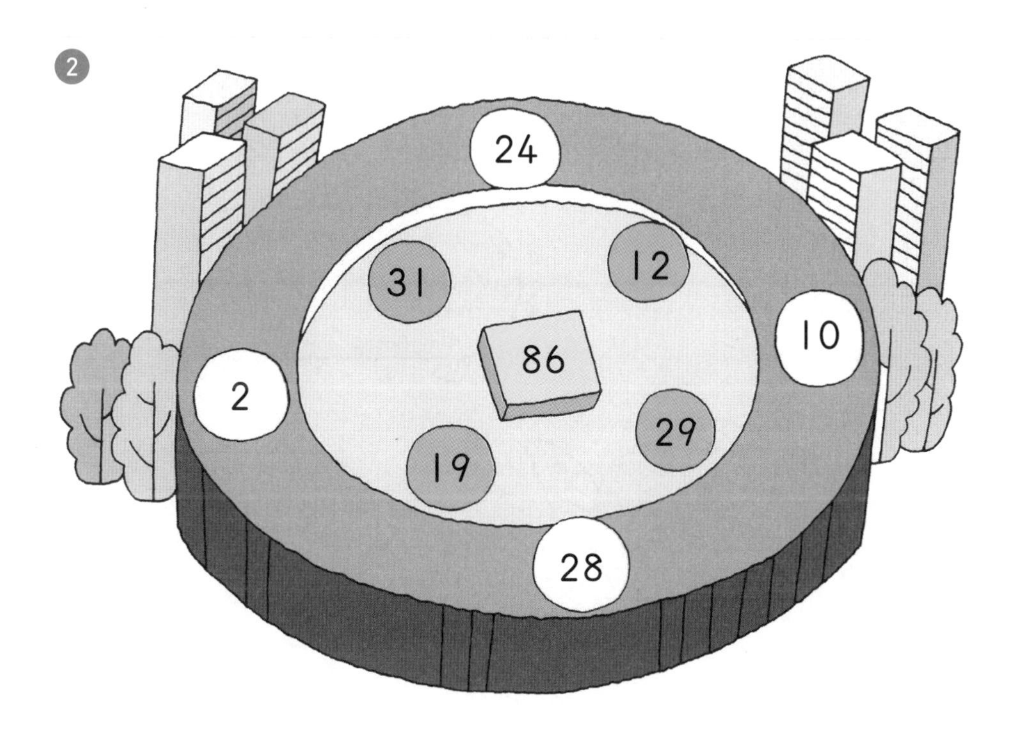

각 낚싯줄로 나머지가 같은 물고기를 잡으려고 합니다. 낚싯줄과 물고기를 알맞게 이어 보세요.

넷째 마당

(세 자리 수)÷(두 자리 수)

(세 자리 수)÷(두 자리 수)는 나눗셈 중에 가장 복잡한 계산이지만 이미 셋째 마당에서 나눗셈의 고비를 넘겼으니까 충분히 해낼 수 있어요. 이 마당은 암산으로 하지 않아도 돼요. 차근차근 몫과 나머지를 구한 다음 바르게 계산했는지 확인하면서 정확하게 푸는 것이 중요해요.

공부할 내용!	완료	10일 진도	20일 진도
14 (세 자리 수)÷(몇십) 계산은 쉬워~	□	6일차	10일차
15 나누어질 때까지 몫을 오른쪽으로~ 오른쪽으로~	□		11일차
16 나누는 수에 따라 몫의 위치가 달라져	□		12일차
17 복잡해 보이지만 나눗셈을 두 번 한 것과 같아!	□	7일차	13일차
18 자주 틀리는 (세 자리 수)÷(두 자리 수) 집중 연습	□		14일차
19 수가 커져도 나눗셈을 두 번 한 것과 같아!	□	8일차	15일차
20 (세 자리 수)÷(두 자리 수) 종합 문제	□	9일차	16일차

(세 자리 수)÷(몇십) 계산은 쉬워~

✪ 몫이 한 자리 수인 (몇백 몇십)÷(몇십)

(몇백 몇십)÷(몇십)의 몫은 (두 자리 수)÷(한 자리 수)의 몫과 같지만 나누어지는 수와 나누는 수가 10배 커졌으므로 나머지는 [1] ☐배로 커집니다.

(두 자리 수)÷(한 자리 수) (몇백 몇십)÷(몇십)

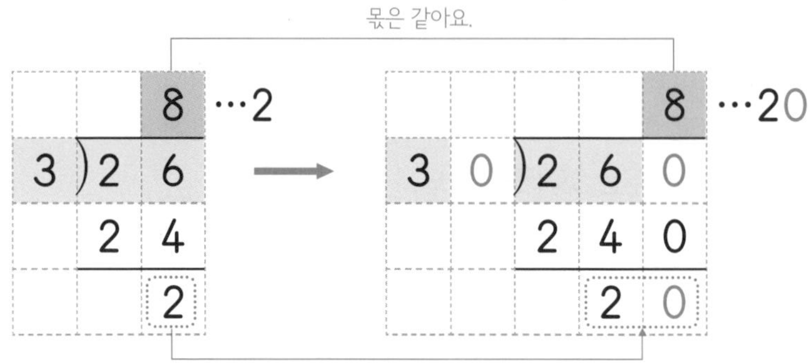

✪ 몫이 한 자리 수인 (세 자리 수)÷(몇십)

곱셈식을 이용하여 몫을 구합니다.

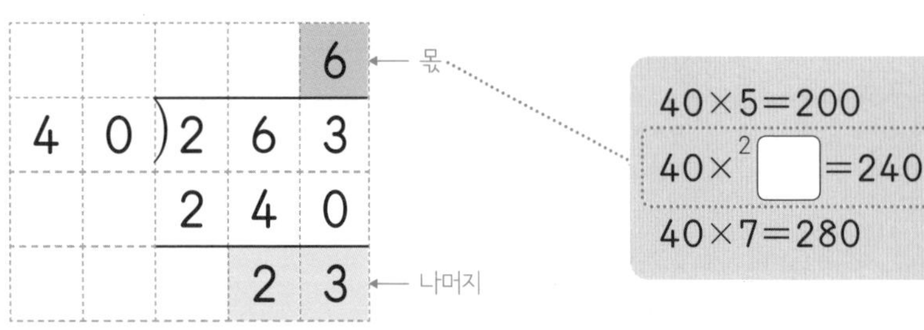

80)550 → 몫 6, 48, 나머지 7 (×) → 80)550 → 몫 6, 480, 나머지 70 (○)

암산으로 (나누는 수)×(몫)에 나머지를 더하면 빠르게 실수를 바로 잡을 수 있어요.

$80\times6=480$, $480+7=487$(×)

➡ 나머지를 다시 확인해요!

$80\times6=480$, $480+70=550$(○)

1. 10 2. 6

150÷20의 몫은 15÷2의 몫과 같지만 나머지는 10배가 커진다는 것에 주의해요.

나눗셈을 하세요.

① $20\overline{)120}$ (몫: □)

② $30\overline{)150}$ (몫: □)

③ $40\overline{)280}$

④ $20\overline{)170}$ (□ … □)

⑤ $40\overline{)230}$ (□ … □)

⑥ $30\overline{)190}$

⑦ $50\overline{)250}$

⑧ $60\overline{)430}$

⑨ $40\overline{)320}$

⑩ $70\overline{)500}$

⑪ $30\overline{)270}$

⑫ $80\overline{)330}$

⑬ $50\overline{)420}$

⑭ $90\overline{)630}$

⑮ $60\overline{)520}$

114÷20을 어림으로 풀어 보면, 114는 100과 120 사이의 수예요.
20×5=100, 20×6=120이니 몫은 5가 돼요.
한 번에 몫을 정확하게 찾는 것이 어렵다면 이런 방법을 써 봐요.

나눗셈을 하세요.

① $20\overline{)114}$

② $30\overline{)173}$

③ $40\overline{)125}$

④ $50\overline{)312}$

⑤ $60\overline{)225}$

⑥ $20\overline{)157}$

⑦ $80\overline{)506}$

⑧ $40\overline{)365}$

⑨ $90\overline{)734}$

⑩ $30\overline{)207}$

⑪ $20\overline{)173}$

⑫ $40\overline{)216}$

⑬ $60\overline{)372}$

⑭ $70\overline{)629}$

⑮ $80\overline{)744}$

이제 몫을 구하는 데 자신이 생겼나요?
나머지를 구하려고 빼는 과정에서 실수가 나오지 않도록 주의해요.

나눗셈을 하세요.

① $30\overline{)125}$

② $50\overline{)326}$

③ $20\overline{)136}$

④ $40\overline{)276}$

⑤ $30\overline{)199}$

⑥ $80\overline{)184}$

⑦ $90\overline{)643}$

⑧ $70\overline{)426}$

⑨ $60\overline{)561}$

⑩ $80\overline{)312}$

⑪ $30\overline{)228}$

⑫ $50\overline{)371}$

⑬ $70\overline{)613}$

⑭ $90\overline{)797}$

도전! 땅 짚고 헤엄치는 문장제

쉬운 문장제로 연산의 기본 개념을 익혀 봐요!

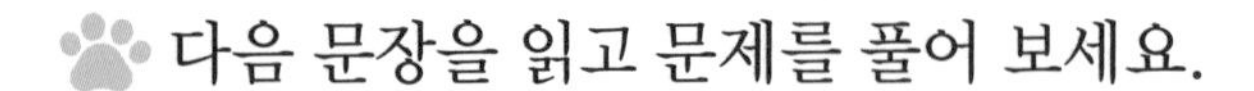

다음 문장을 읽고 문제를 풀어 보세요.

① 과수원에서 사과 320개를 땄습니다. 한 상자에 40개씩 나누어 담으면 모두 몇 상자가 될까요?

____

② 사탕 125개를 한 명에게 20개씩 나누어 주려고 합니다. 몇 명에게 나누어 줄 수 있고, 사탕은 몇 개가 남을까요?

__________, __________

③ 지우개 545개를 한 상자에 60개씩 나누어 포장하려고 합니다. 몇 상자에 포장할 수 있고, 지우개는 몇 개가 남을까요?

__________, __________

④ 구슬 500개를 한 봉지에 70개씩 나누어 담으려고 합니다. 몇 봉지에 담을 수 있고, 구슬은 몇 개가 남을까요?

__________, __________

⑤ 오일 672 mL를 한 병에 80 mL씩 나누어 담으면 오일은 몇 mL가 남을까요?

____

⑤ 남은 오일의 양은 나머지를 물어 보는 거예요.

나누어질 때까지 몫을 오른쪽으로~ 오른쪽으로~

✪ 몫이 한 자리 수인 (세 자리 수)÷(두 자리 수)

❶ 먼저 몫의 자리 수를 확인합니다.

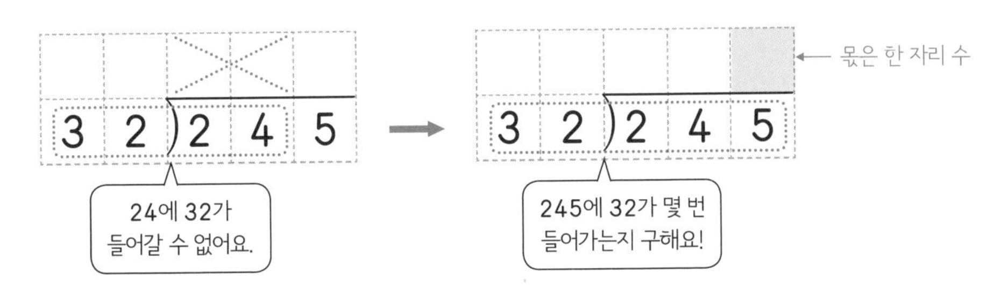

❷ 곱셈식을 이용하여 몫을 구합니다.

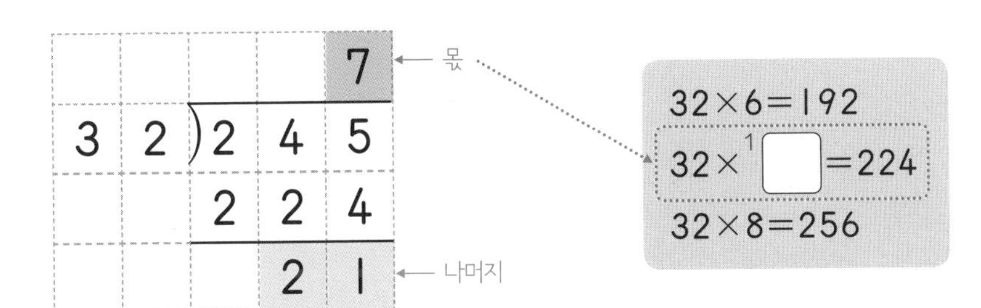

암산이 쉽지 않죠?
이럴 때는 30×7=210,
30×8=240…….
이렇게 생각해 봐요.

❸ 계산이 맞는지 확인합니다.

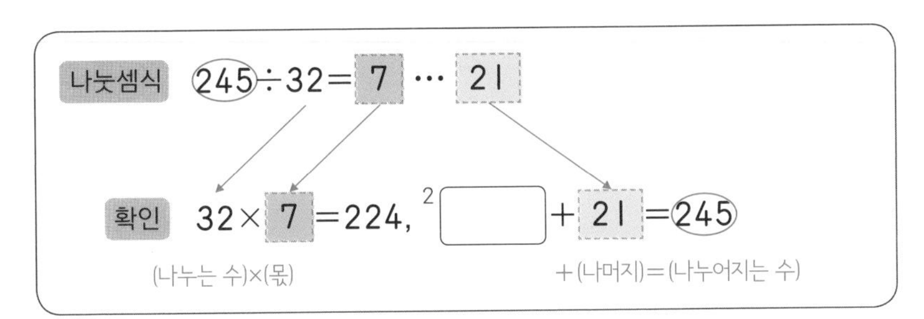

바빠 꿀팁!

• **몫의 위치는 오른쪽 끝에 맞춰요!**

몫은 정확한 위치에 써야 해요. 오른쪽 끝에 맞추어 쓰도록 주의하세요.

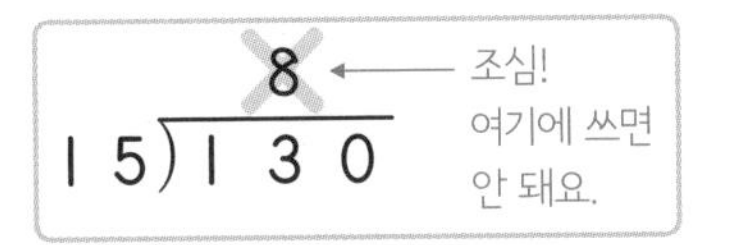

• **어림을 쉽게 하는 비법!**

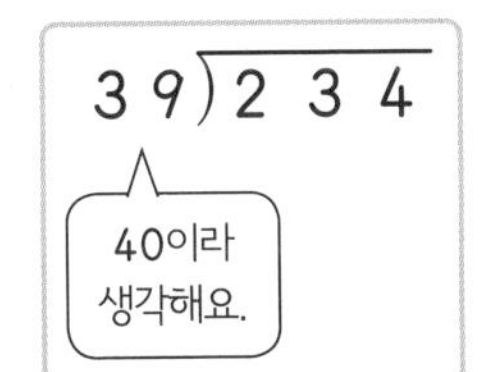

39가 40과 가깝죠?
40×6=240이니까
몫이 6과 가깝다는 걸
알 수 있어요.
6부터 어림해 봐요!

1. 7 2. 224

몫의 자릿수 생각하기

$29\overline{)247}$ → $29\overline{)247}$

24에 29가 들어갈 수 없어요.

247에 29는 8번 들어가요. 몫은 한 자리 수예요.

나눗셈을 하세요.

① $13\overline{)117}$

② $12\overline{)104}$ □ … □

③ $13\overline{)126}$

④ $14\overline{)113}$

⑤ $17\overline{)154}$

⑥ $21\overline{)182}$

⑦ $22\overline{)176}$

⑧ $38\overline{)251}$

⑨ $44\overline{)327}$

⑩ $19\overline{)173}$

⑪ $25\overline{)178}$

⑫ $66\overline{)416}$

확인 ______, ______

확인 ______, ______

확인 ______, ______

128÷21을 130÷20으로 생각하고 어림 수를 찾아봐요.

$21\overline{)128} \Rightarrow 20\overline{)130}$

나눗셈을 하세요.

1. $21\overline{)128}$
2. $18\overline{)148}$
3. $19\overline{)165}$
4. $23\overline{)217}$
5. $25\overline{)125}$
6. $36\overline{)186}$
7. $76\overline{)324}$
8. $85\overline{)612}$
9. $87\overline{)231}$
10. $43\overline{)294}$
11. $58\overline{)352}$
12. $65\overline{)412}$

확인 __________, __________

확인 __________, __________

확인 __________, __________

어려운 나눗셈일수록 계산이 맞는지 꼭 확인하고 넘어가는 게 중요해요.
(나누는 수)×(몫)에 나머지를 더하면 나누어지는 수가 되어야 해요.

나눗셈을 하세요.

① $31\overline{)294}$

② $43\overline{)352}$

③ $53\overline{)303}$

④ $24\overline{)172}$

⑤ $46\overline{)297}$

⑥ $68\overline{)576}$

⑦ $38\overline{)154}$

⑧ $47\overline{)338}$

⑨ $56\overline{)211}$

⑩ $73\overline{)397}$

⑪ $82\overline{)531}$

⑫ $95\overline{)456}$

확인 ______________, ______________

확인 ______________, ______________

확인 ______________, ______________

도전! 땅 짚고 헤엄치는 문장제

쉬운 문장제로 연산의 기본 개념을 익혀 봐요!

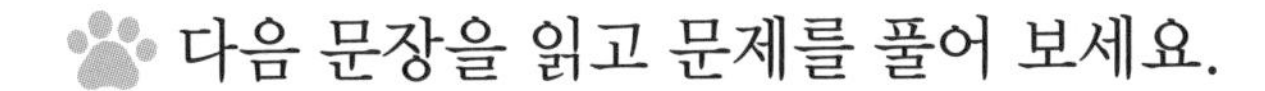

❶ 감 138개를 상자에 모두 담으려고 합니다. 한 상자에 23개씩 나누어 담으면 몇 상자에 담을 수 있을까요?

____

❷ 색종이 140장을 한 명에게 15장씩 나누어 주려고 합니다. 색종이를 몇 명에게 나누어 줄 수 있고, 몇 장이 남을까요?

__________, __________

❸ 밀가루 293 g으로 35 g짜리 쿠키를 만들려고 합니다. 몇 개를 만들 수 있고, 밀가루는 몇 g이 남을까요?

__________, __________

❹ 쿠키 135개를 한 상자에 16개씩 포장하여 팔려고 합니다. 몇 상자까지 팔 수 있을까요?

____

❺ 지훈이는 120문제의 수학 문제를 하루에 25문제씩 풀려고 합니다. 모두 며칠만에 풀 수 있을까요?

____

❹ 한 상자를 가득 채워야 팔 수 있으므로 나머지를 생각하지 않고 몫만 정답이에요.

❺ 모두 풀려면 25문제씩 풀고 남은 문제도 더 풀어야 하므로 1일을 더해 주어야 해요.

나누는 수에 따라 몫의 위치가 달라져

몫이 두 자리 수인 (몇백 몇십)÷(몇십)

(두 자리 수)÷(한 자리 수) (몇백 몇십)÷(몇십)

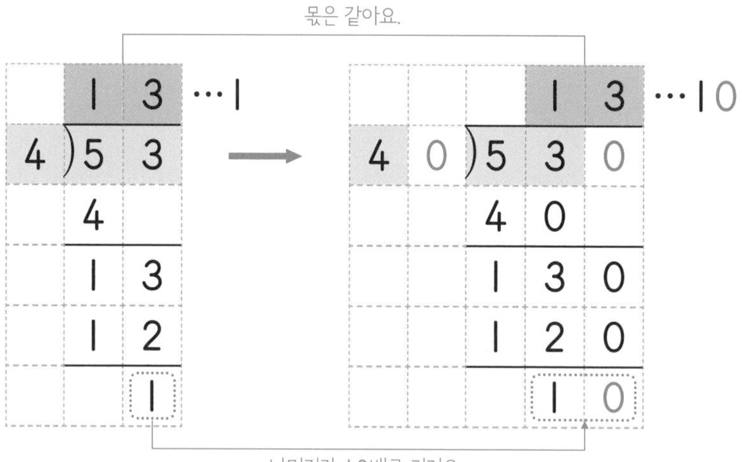

몫이 두 자리 수인 (세 자리 수)÷(몇십)

곱셈식을 이용하여 몫을 구합니다.

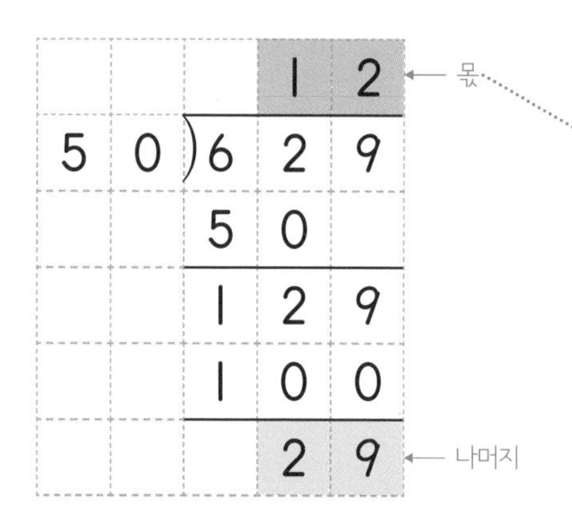

$50 \times 11 = 550$

$50 \times$ ①☐ $= 600$

$50 \times 13 =$ ②☐

- 나누는 수에 따라 몫의 위치가 달라져요.

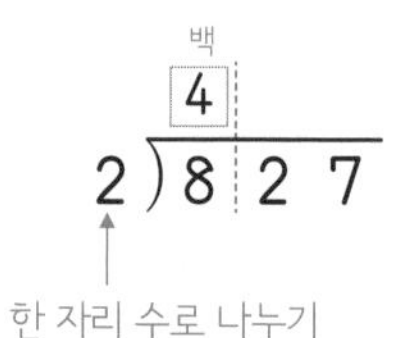

십
4
20)827
두 자리 수로 나누기

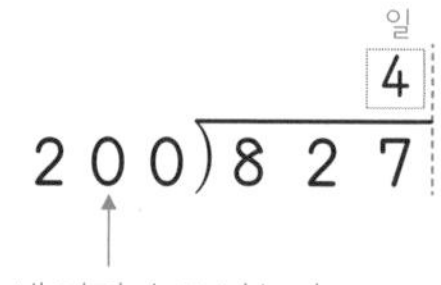

1. 12 2. 650

(몇백 몇십)÷(몇십)의 몫은 나누어지는 수와 나누는 수에서 각각 0을 1개씩 지운 (두 자리 수)÷(한 자리 수)의 몫과 같아요.

250÷20 ➡ 25÷2

나눗셈을 하세요.

① 20)480

② 30)720

③ 40)920

④ 50)800

⑤ 60)840

⑥ 70)910

⑦ 20)250 … □

⑧ 60)640 … □

⑨ 40)570

⑩ 70)930

⑪ 30)530

⑫ 80)850

⑬ 50)840

⑭ 90)970

⑮ 60)950

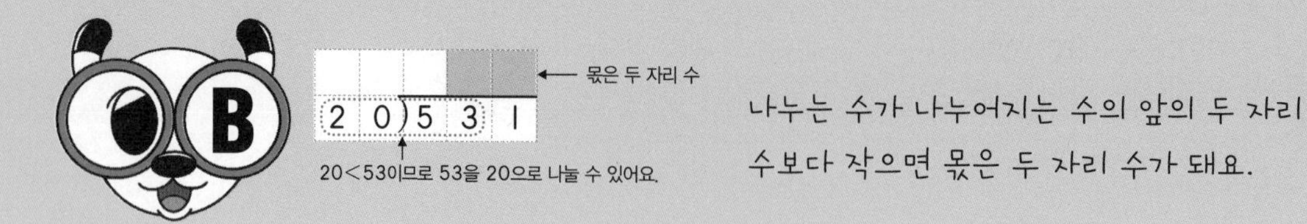

나눗셈을 하세요.

① $20 \overline{)284}$

② $30 \overline{)523}$

③ $40 \overline{)516}$

④ $50 \overline{)829}$

⑤ $60 \overline{)793}$

⑥ $20 \overline{)325}$

⑦ $30 \overline{)871}$

⑧ $20 \overline{)547}$

⑨ $40 \overline{)584}$

⑩ $50 \overline{)813}$

⑪ $90 \overline{)983}$

⑫ $20 \overline{)769}$

⑬ $60 \overline{)768}$

⑭ $70 \overline{)945}$

⑮ $80 \overline{)947}$

(세 자리 수)÷(몇십)은 좀 쉬웠죠? 다음 단계를 위한 준비 운동이었어요.
다음 단계인 (세 자리 수)÷(두 자리 수)도 자신감을 가지고 도전해 봐요!

나눗셈을 하세요.

❶ $30\overline{)672}$

❷ $50\overline{)768}$

❸ $20\overline{)314}$

❹ $40\overline{)591}$

❺ $60\overline{)937}$

❻ $80\overline{)994}$

❼ $20\overline{)896}$

❽ $70\overline{)885}$

❾ $50\overline{)634}$

❿ $60\overline{)905}$

⓫ $30\overline{)796}$

⓬ $40\overline{)619}$

⓭ $30\overline{)962}$

⓮ $70\overline{)838}$

도전! 땅 짚고 헤엄치는 문장제

쉬운 문장제로 연산의 기본 개념을 익혀 봐요!

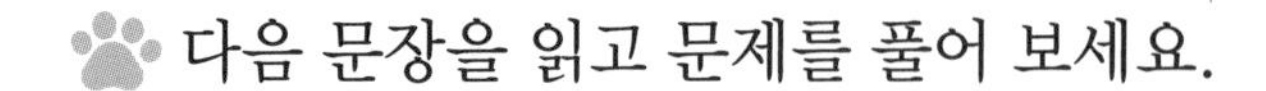

다음 문장을 읽고 문제를 풀어 보세요.

1. 꽃 한 송이를 만드는 데 색 테이프 20 cm가 필요합니다. 색 테이프 680 cm로는 몇 송이의 꽃을 만들 수 있을까요?

   ____

2. 음료수가 520캔 있습니다. 한 박스에 30캔씩 나누어 담으면 몇 박스에 담을 수 있고, 몇 캔이 남을까요?

   ________, ________

3. 공책 895권을 한 박스에 80권씩 나누어 담으려고 합니다. 몇 박스에 담을 수 있고, 몇 권이 남을까요?

   ________, ________

4. 과수원에서 복숭아를 382개 땄습니다. 한 박스에 20개씩 나누어 담으면 몇 박스에 담을 수 있고, 몇 개가 남을까요?

   ________, ________

5. 간장 820 mL를 한 병에 50 mL씩 모두 담으려고 합니다. 병은 모두 몇 개 필요할까요?

   ____

5 간장을 모두 담아야 하므로 50 mL씩 담고 남은 간장까지도 담을 수 있는 병 1개가 더 필요해요.

복잡해 보이지만 나눗셈을 두 번 한 것과 같아!

✪ 몫이 두 자리 수인 (세 자리 수)÷(두 자리 수)

❶ 곱셈식을 이용해서 몫을 구합니다.

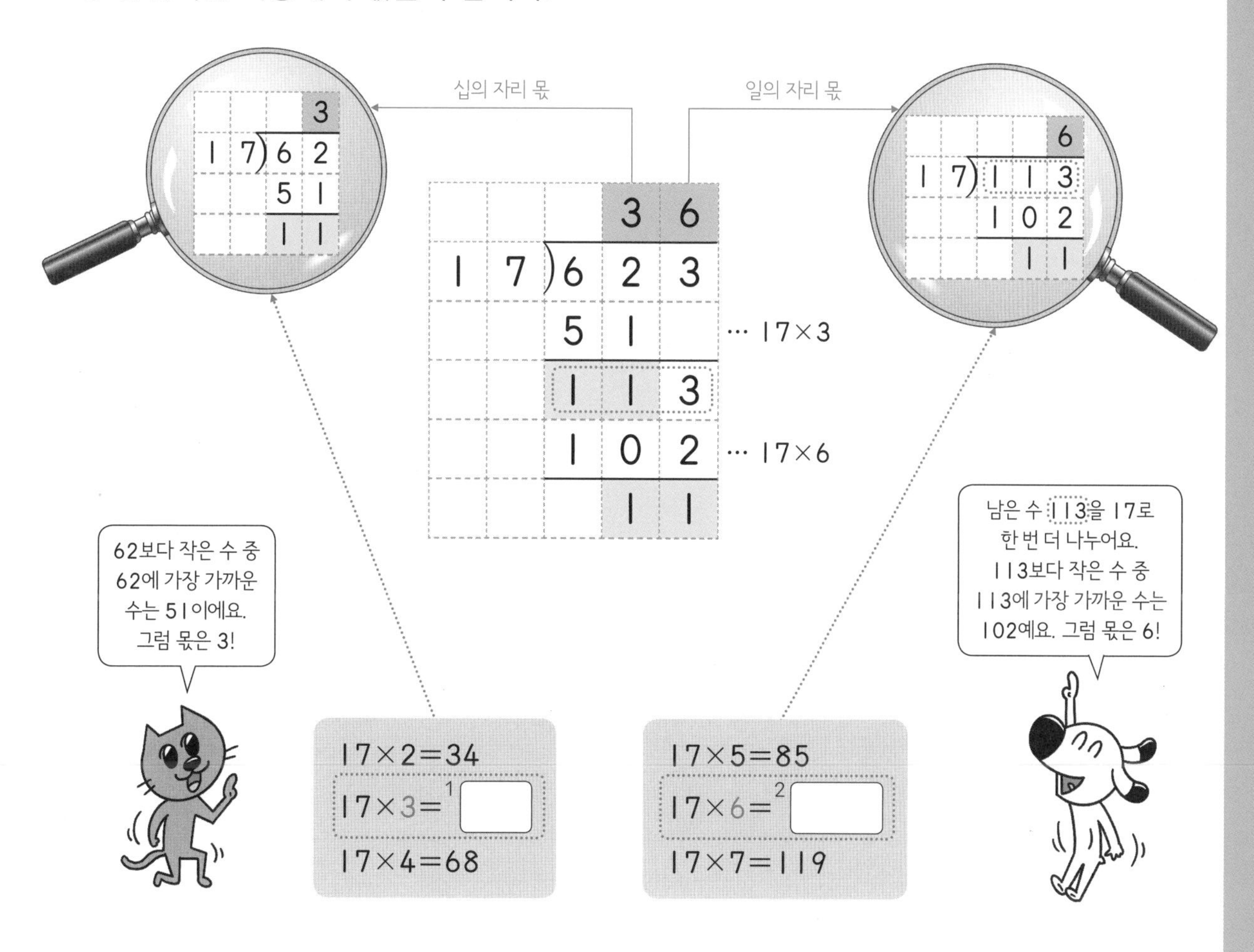

❷ 계산이 맞는지 확인합니다.

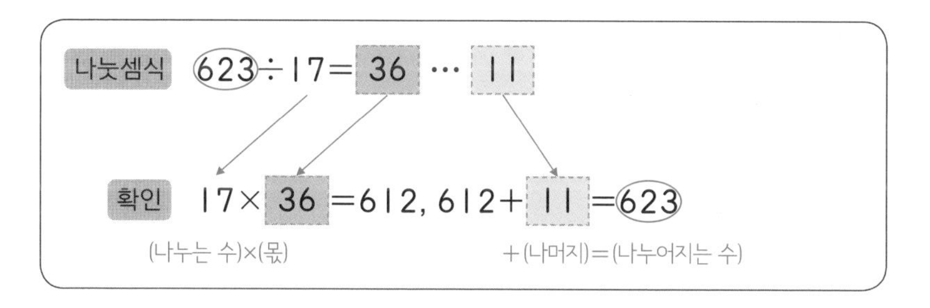

1. 51 2. 102

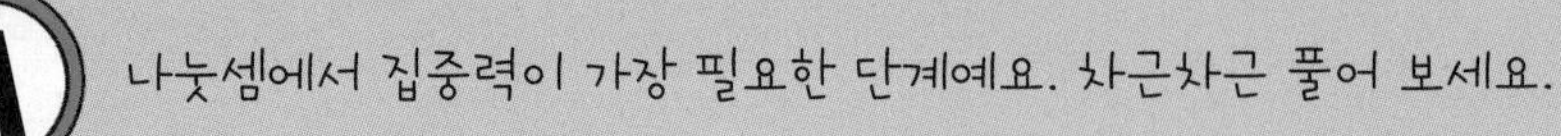

나눗셈을 하세요.

① $12\overline{)360}$

② $14\overline{)352}$

③ $17\overline{)227}$

④ $23\overline{)413}$

⑤ $31\overline{)375}$

⑥ $34\overline{)969}$

⑦ $43\overline{)769}$

⑧ $26\overline{)845}$

⑨ $57\overline{)914}$

⑩ $68\overline{)692}$

⑪ $72\overline{)878}$

⑫ $85\overline{)993}$

확인 ____________, ____________

확인 ____________, ____________

확인 ____________, ____________

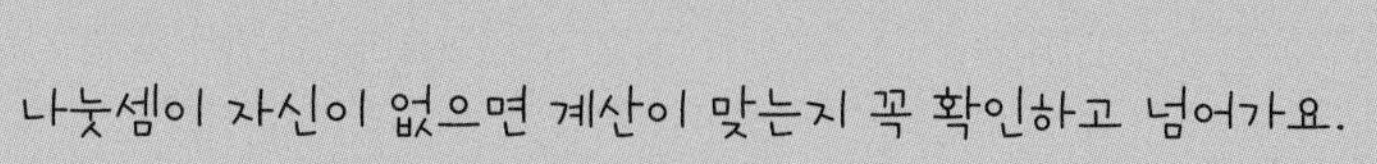

나눗셈을 하세요.

① $13\overline{)523}$

② $16\overline{)198}$

③ $18\overline{)362}$

④ $22\overline{)954}$

⑤ $25\overline{)781}$

⑥ $37\overline{)895}$

⑦ $48\overline{)657}$

⑧ $53\overline{)852}$

⑨ $73\overline{)936}$

⑩ $12\overline{)814}$

⑪ $64\overline{)728}$

⑫ $81\overline{)956}$

확인 ____________, ____________

확인 ____________, ____________

확인 ____________, ____________

나누는 수가 두 자리 수이고, 몫이 두 자리 수이면 몫을 예상하는 과정이 그리 간단하지는 않아요. 간단한 수로 생각하여 어림하는 연습을 하면서 스스로 터득해 봐요.

나눗셈을 하세요.

① $11\overline{)345}$

② $15\overline{)523}$

③ $19\overline{)637}$

④ $32\overline{)584}$

⑤ $45\overline{)716}$

⑥ $24\overline{)738}$

⑦ $58\overline{)726}$

⑧ $64\overline{)913}$

⑨ $47\overline{)962}$

⑩ $36\overline{)425}$

⑪ $29\overline{)604}$

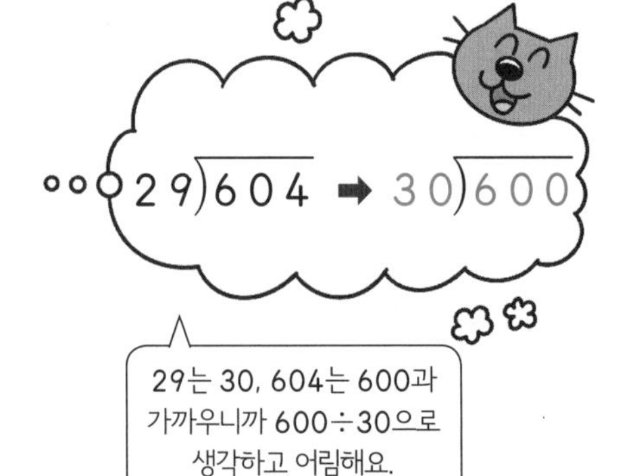

29는 30, 604는 600과 가까우니까 600÷30으로 생각하고 어림해요.

확인 ______________, ______________

확인 ______________, ______________

도전! 땅 짚고 헤엄치는 문장제

쉬운 문장제로 연산의 기본 개념을 익혀 봐요!

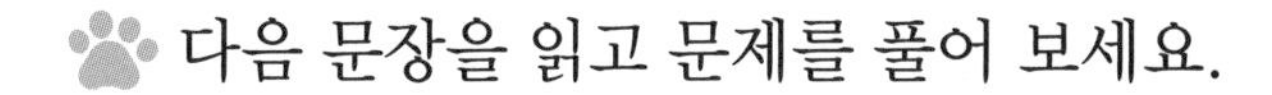

다음 문장을 읽고 문제를 풀어 보세요.

① 리본 한 개를 만드는 데 끈 18 cm가 필요합니다. 끈 450 cm로는 몇 개의 리본을 만들 수 있을까요?

____

② 민영이는 줄넘기를 하루에 660번씩 하기로 했습니다. 한 회에 55번씩 한다면 모두 몇 회를 해야 할까요?

____

③ 효준이네 학교 학생 428명이 체육대회를 하였습니다. 한 팀에 25명씩 단체 줄넘기를 하였다면 몇 팀이 되고, 몇 명이 남을까요?

__________, __________

④ 어떤 수를 18로 나누었더니 몫이 32이고 나머지가 7이었습니다. 어떤 수를 구하세요.

____

⑤ 석류를 한 상자에 12개씩 나누어 담았더니 14상자가 되고, 7개가 남았습니다. 석류는 모두 몇 개일까요?

____

④ (나누는 수)×(몫)에 나머지를 더하면 나누어지는 수(어떤 수)가 돼요.

18 자주 틀리는 (세 자리 수)÷(두 자리 수) 집중 연습

✪ (세 자리 수)÷(두 자리 수)의 실수하기 쉬운 유형

실수1 몫의 자리를 잘못 쓴 경우

몫은 [1] (　　　) 쪽 끝자리에 맞추어 써야 합니다.

			8	
2	0	)1	7	0

				8
2	0	)1	7	0

실수2 몫의 일의 자리를 빠뜨린 경우

앞의 두 자리 수를 나누고 더 이상 나누어지지 않을 때에는 몫의 일의 자리에 [2] (　) 을 꼭 써야 합니다.

			3	◌ (0)
1	7	)5	1	6
		5	1	
				6

바른 계산

			3	0
1	7	)5	1	6
		5	1	
				6

실수3 나머지가 나누는 수보다 큰 경우

나머지는 [3] (　　　) 수보다 작아야 합니다.

			2	5
3	2	)8	5	0
		6	4	
		2	1	0
		1	6	0
			5	0

32<

			2	6
3	2	)8	5	0
		6	4	
		2	1	0
		1	9	2
			1	8

복잡한 계산은 몫과 나머지를 바르게 구했는지 꼭 확인해요.

나눗셈을 하세요.

① $40\overline{)840}$

② $25\overline{)753}$

③ $30\overline{)532}$

④ $12\overline{)462}$

⑤ $15\overline{)516}$

⑥ $26\overline{)703}$

⑦ $29\overline{)874}$

⑧ $34\overline{)658}$

⑨ $28\overline{)725}$

⑩ $46\overline{)716}$

⑪ $53\overline{)590}$

⑫ $67\overline{)817}$

계산을 하고 나서 가장 먼저 확인해야 할 것은 (나머지)<(나누는 수)인지예요.

나눗셈을 하세요.

❶ $16\overline{)520}$

❷ $50\overline{)673}$

❸ $43\overline{)920}$

❹ $19\overline{)574}$

❺ $24\overline{)495}$

❻ $32\overline{)692}$

❼ $27\overline{)528}$

❽ $13\overline{)696}$

❾ $79\overline{)829}$

❿ $52\overline{)943}$

⓫ $61\overline{)764}$

⓬ $94\overline{)956}$

(나누는 수)×(몫)에 나머지를 더하면 나누어지는 수가 되어야 해요.

나눗셈을 하세요.

❶ $15\overline{)523}$

❷ $42\overline{)608}$

❸ $73\overline{)810}$

❹ $36\overline{)474}$

❺ $19\overline{)716}$

❻ $46\overline{)931}$

❼ $27\overline{)643}$

❽ $74\overline{)927}$

❾ $85\overline{)952}$

❿ $34\overline{)865}$

⓫ $21\overline{)889}$

⓬ $55\overline{)672}$

도전! 땅 짚고 헤엄치는 문장제

쉬운 문장제로 연산의 기본 개념을 익혀 봐요!

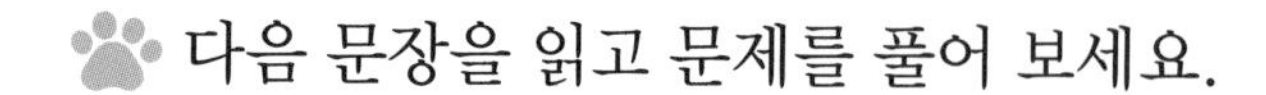

다음 문장을 읽고 문제를 풀어 보세요.

① 호두과자 120개를 한 상자에 24개씩 나누어 포장하려고 합니다. 호두과자를 몇 상자에 포장할 수 있을까요?

____

② 쌀 270 kg을 한 포대에 20 kg씩 나누려고 합니다. 쌀은 몇 포대가 되고, 몇 kg이 남을까요?

__________, __________

③ 감 945개를 따서 한 상자에 35개씩 나누어 담으려고 합니다. 감은 몇 상자에 담을 수 있을까요?

____

④ 어떤 수를 12로 나누어야 할 것을 잘못하여 21로 나누었더니 몫이 15이고 나머지가 5였습니다. 바르게 계산했을 때의 몫과 나머지를 구하세요.

몫 __________, 나머지 __________

④ 어떤 수를 □라 하고 잘못 계산한 식을 세우면 □÷21=15 ⋯ 5예요. 어떤 수를 구한 다음 바르게 계산해 보세요.

19 수가 커져도 나눗셈을 두 번 한 것과 같아!

몫이 두 자리 수인 (네 자리 수)÷(두 자리 수)

❶ 곱셈식을 이용해서 몫을 구합니다.

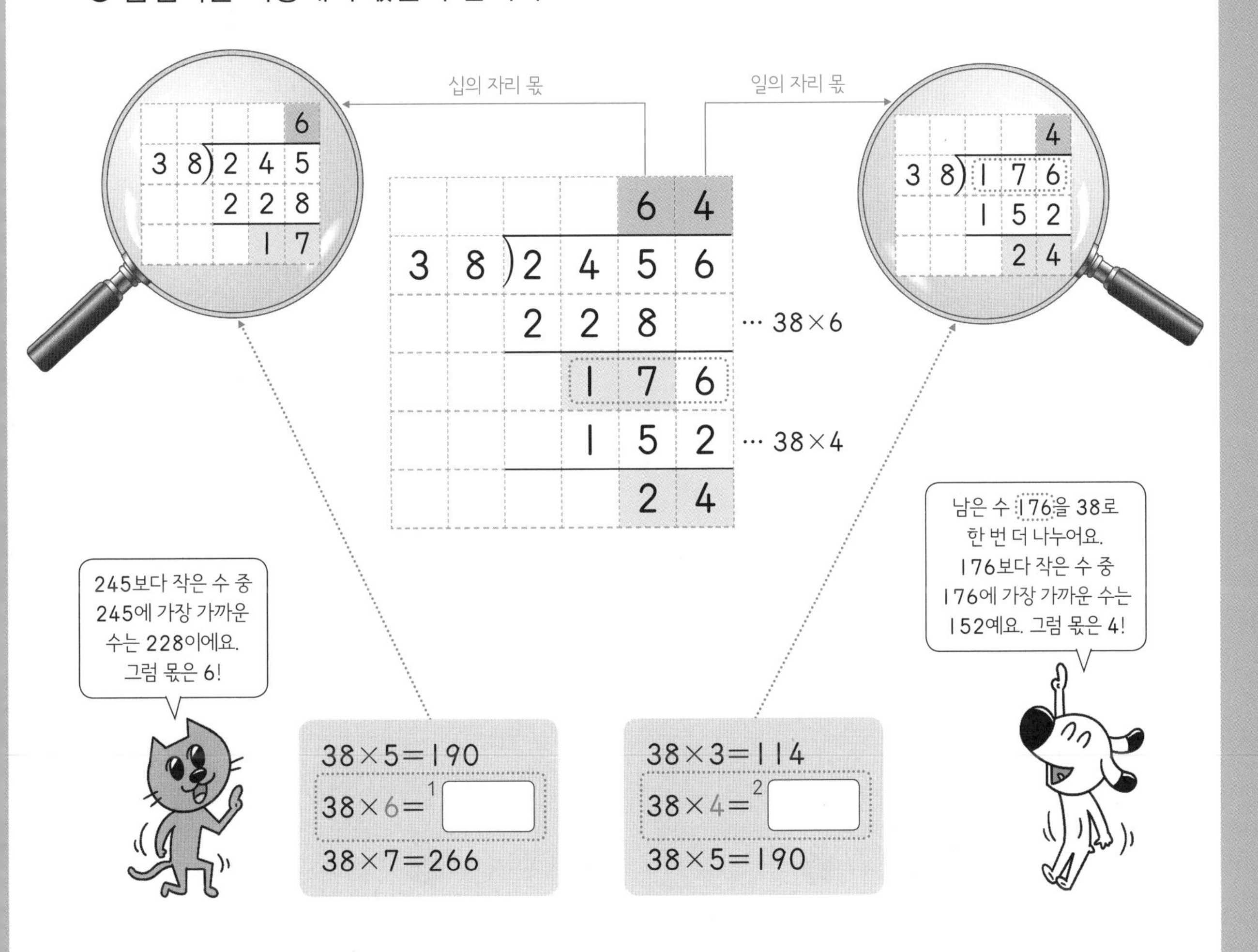

❷ 계산이 맞는지 확인합니다.

나눗셈식 2456÷38=64 … 24

확인 38×64=2432, 2432+24=2456

(나누는 수)×(몫) +(나머지)=(나누어지는 수)

1. 228 2. 152

앞에서부터 끊어서 나누기 때문에 (세 자리 수)÷(두 자리 수)를
잘 익혔다면 할 수 있어요. 자신감을 갖고 도전해 봐요!

나눗셈을 하세요.

❶ $12\overline{)1000}$

❷ $25\overline{)1234}$

❸ $59\overline{)3555}$

❹ $63\overline{)2104}$

❺ $33\overline{)2772}$

❻ $44\overline{)2345}$

❼ $81\overline{)3728}$

❽ $76\overline{)5413}$

❾ $97\overline{)6720}$

확인 ____________, ____________

확인 ____________, ____________

확인 ____________, ____________

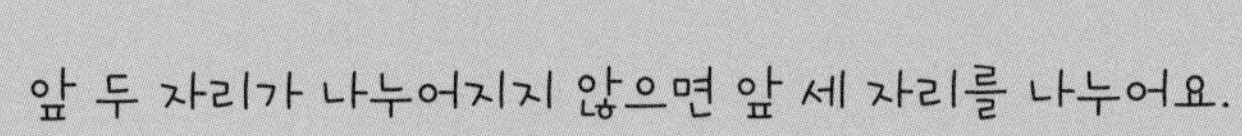

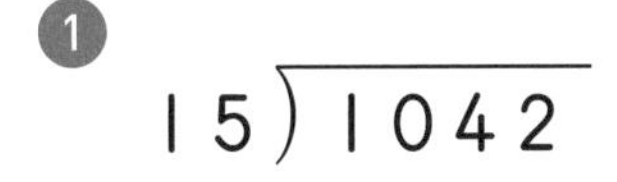

❶ $15\overline{)1042}$

❷ $25\overline{)1536}$

❸ $35\overline{)2345}$

❹ $45\overline{)3000}$

❺ $55\overline{)4200}$

❻ $65\overline{)2734}$

❼ $75\overline{)2042}$

❽ $85\overline{)2905}$

확인 ______________, ______________

확인 ______________, ______________

확인 ______________, ______________

시간이 걸리더라도 나머지와 몫을 바르게 구했는지 확인하면
실수를 바로 잡을 수 있어요!

나눗셈을 하세요.

① $16\overline{)1093}$

② $21\overline{)1864}$

③ $32\overline{)2417}$

④ $41\overline{)1035}$

⑤ $51\overline{)3754}$

⑥ $62\overline{)5862}$

⑦ $73\overline{)2708}$

⑧ $84\overline{)4382}$

확인 ________, ________

확인 ________, ________

도전! 땅 짚고 헤엄치는 문장제

쉬운 문장제로 연산의 기본 개념을 익혀 봐요!

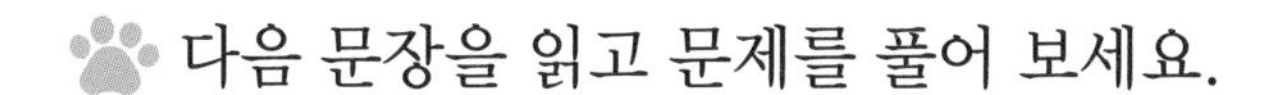
다음 문장을 읽고 문제를 풀어 보세요.

1. 붙임딱지 1400장을 한 봉지에 32장씩 나누어 담으려고 합니다. 몇 봉지에 나누어 담을 수 있고, 붙임딱지는 몇 장이 남을까요?

   ________, ________

2. 호준이네 양계장에서는 하루에 2732개의 달걀을 생산합니다. 한 판에 30개씩 나누어 담으면 몇 판에 담을 수 있고, 몇 개가 남을까요?

   ________, ________

3. 연필 공장에서 하루에 연필을 1087자루 생산합니다. 12자루씩 상자에 나누어 담으면 몇 상자에 담을 수 있고, 몇 자루가 남을까요?

   ________, ________

4. 은행에 100원짜리 동전 2338개가 모였습니다. 50개씩 나누어 묶으면 몇 묶음이 될 수 있고, 몇 개가 남을까요?

   ________, ________

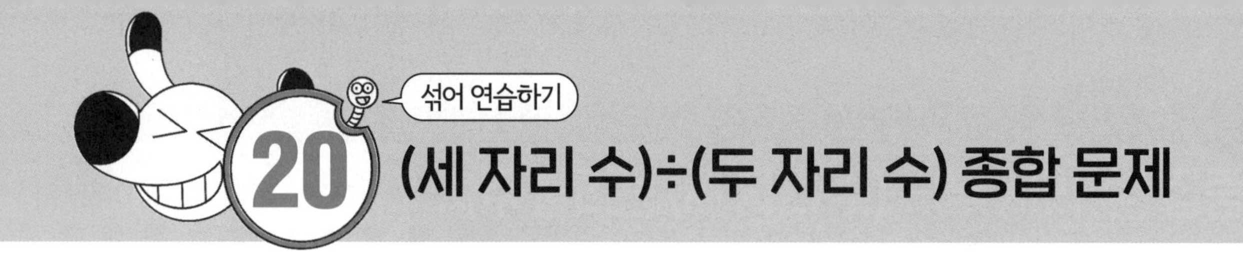

(세 자리 수)÷(두 자리 수) 종합 문제

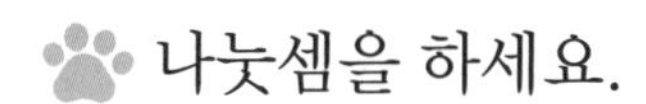
나눗셈을 하세요.

① 30) 250

② 40) 195

③ 30) 320

④ 70) 571

⑤ 36) 274

⑥ 27) 183

⑦ 25) 763

⑧ 42) 312

⑨ 57) 432

⑩ 65) 567

⑪ 83) 629

⑫ 16) 574

계산이 복잡해도 몫과 나머지를 구한 다음
바르게 계산했는지 확인하면 다 맞을 수 있어요!

나눗셈을 하세요.

❶ $40\overline{)550}$

❷ $28\overline{)548}$

❸ $51\overline{)964}$

❹ $70\overline{)861}$

❺ $62\overline{)762}$

❻ $83\overline{)885}$

❼ $39\overline{)803}$

❽ $74\overline{)968}$

❾ $86\overline{)879}$

❿ $16\overline{)574}$

⓫ $23\overline{)548}$

⓬ $17\overline{)763}$

나눗셈을 하세요.

① $30\overline{)340}$

② $45\overline{)420}$

③ $70\overline{)571}$

④ $14\overline{)532}$

⑤ $34\overline{)657}$

⑥ $72\overline{)845}$

⑦ $97\overline{)432}$

⑧ $72\overline{)768}$

⑨ $36\overline{)567}$

⑩ $47\overline{)2694}$

⑪ $62\overline{)4061}$

⑫ $94\overline{)8000}$

나눗셈의 몫이 적힌 길을 따라가면 영화관에 도착할 수 있습니다. 나눗셈의 몫을 따라 영화관까지 가는 길을 따라가 보세요.

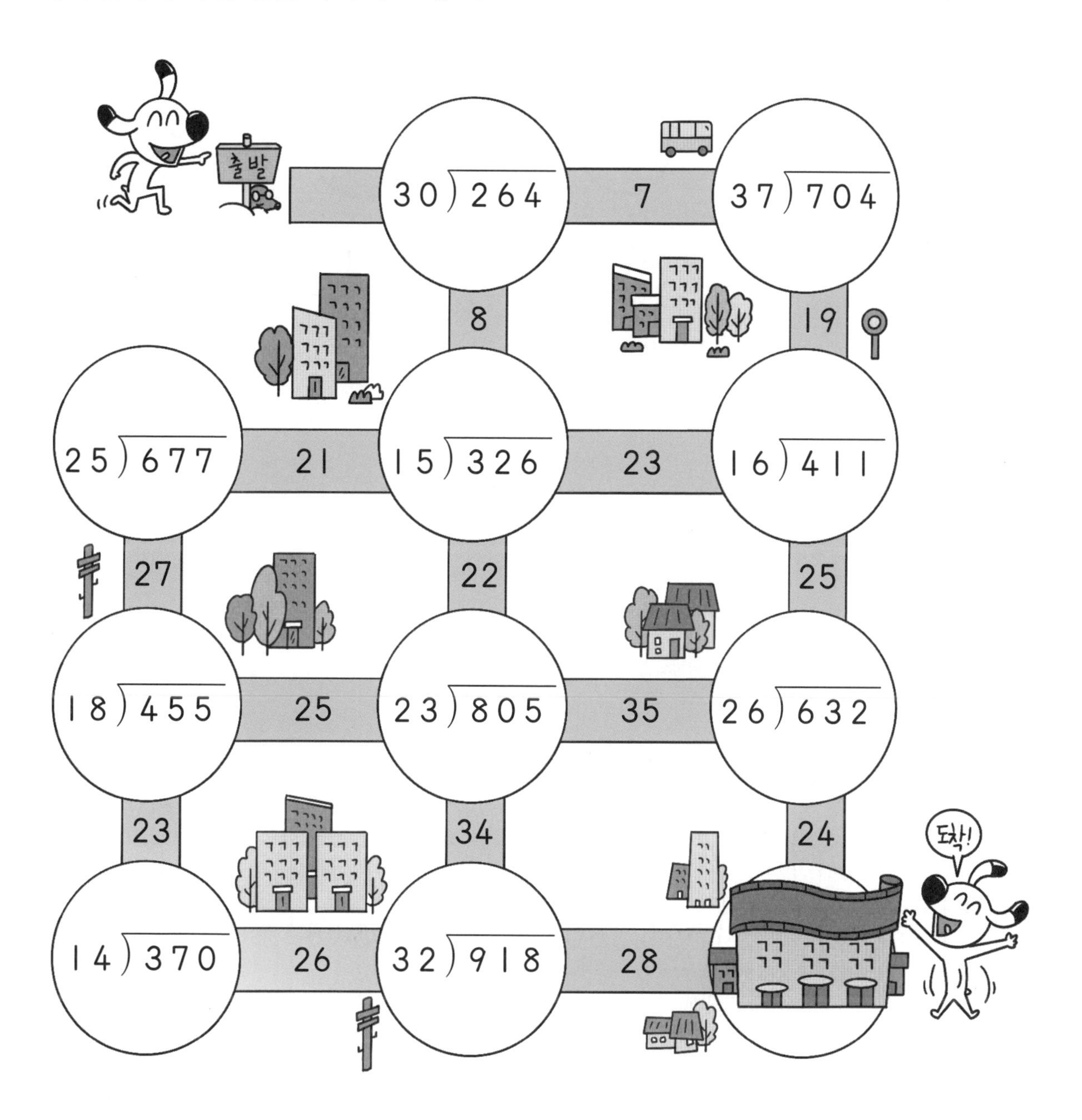

로켓에 적힌 나눗셈의 나머지를 구하면 도착하는 행성을 찾을 수 있습니다. 로켓이 도착할 행성을 찾아 선으로 이어 보세요.

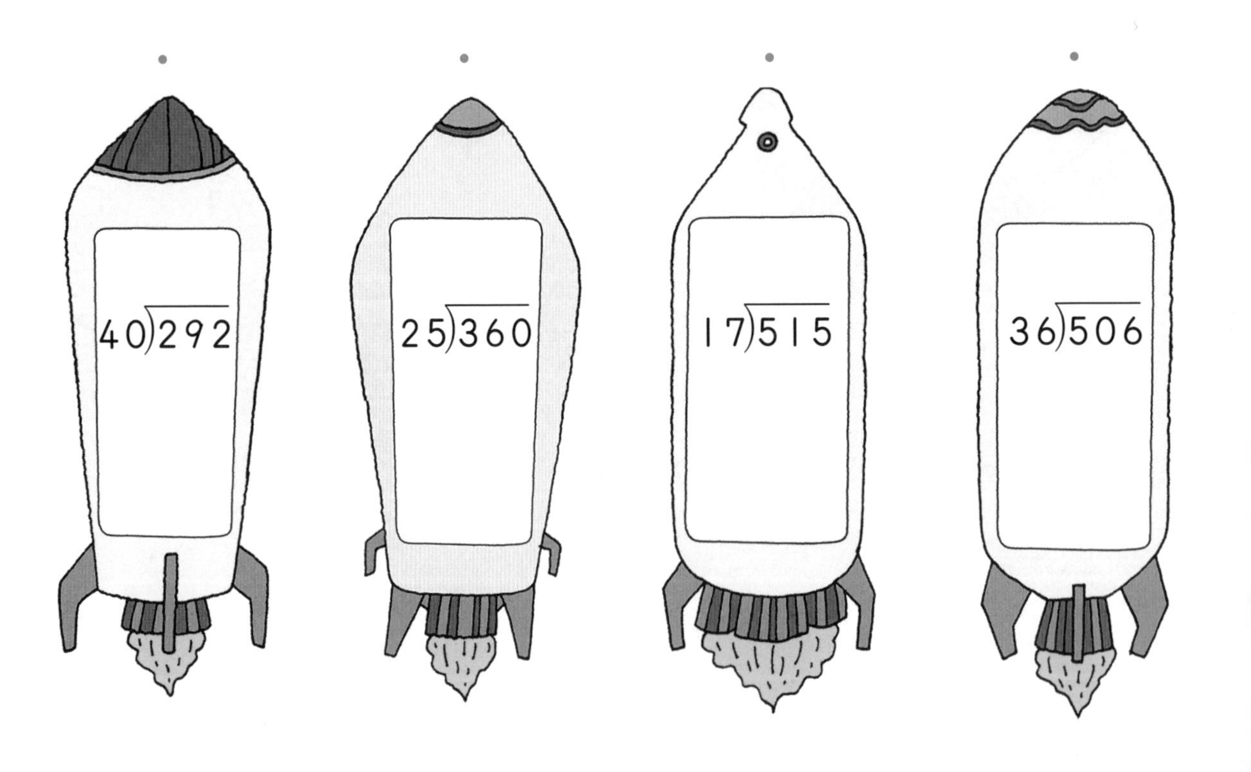

다섯째 마당

자연수의 혼합 계산

이번 마당에서는 5학년 때 배우는 자연수의 혼합 계산을 연습하면서 사칙 계산을 완성하는 단계예요. 혼합 계산은 계산 순서를 정확히 아는 것이 중요해요. 계산하기 전에 먼저 순서를 표시하면 실수를 줄일 수 있어요. 잘하고 있으니까 마지막까지 조금 더 힘내요!

공부할 내용!	완료	10일 진도	20일 진도
21 자연수의 혼합 계산은 계산 순서가 중요해	☐	10일차	17일차
22 곱셈과 나눗셈은 덧셈과 뺄셈보다 먼저!	☐		18일차
23 덧셈, 뺄셈, 곱셈, 나눗셈 모두 모여라!	☐		19일차
24 자연수의 혼합 계산 종합 문제	☐		20일차

자연수의 혼합 계산은 계산 순서가 중요해

✪ 덧셈과 뺄셈이 섞여 있는 식

① 덧셈과 뺄셈이 섞여 있는 식은 [1] ☐ 에서부터 차례로 계산합니다.

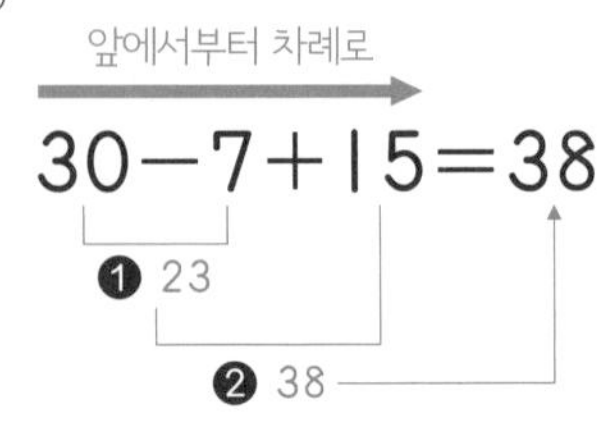

② ( )가 있는 식은 ( ) 안을 먼저 계산합니다.

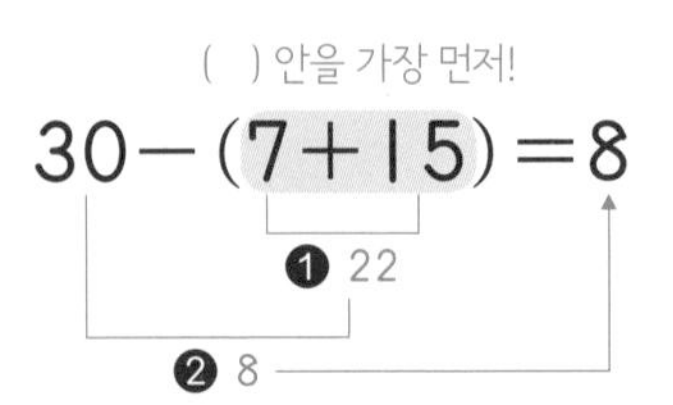

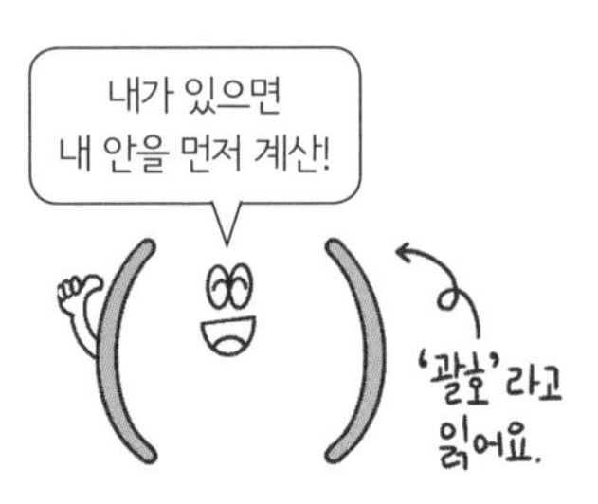

✪ 곱셈과 나눗셈이 섞여 있는 식

① 곱셈과 나눗셈이 섞여 있는 식은 앞에서부터 차례로 계산합니다.

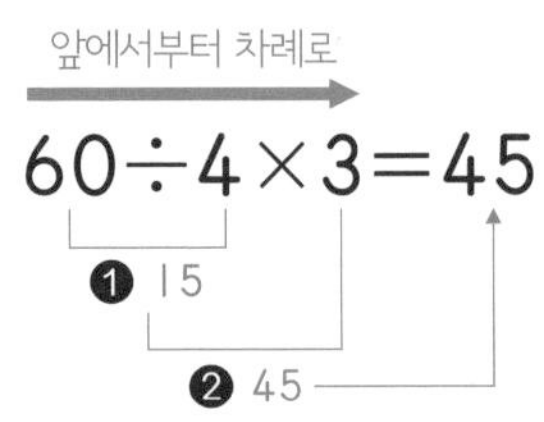

② ( )가 있는 식은 [2] ☐ 안을 먼저 계산합니다.

60÷(4×3)=5

( ) 안을 가장 먼저!

❶ 12

❷ 5

1. 앞 2. ( )

괄호, 곱셈, 나눗셈이 없는 덧셈과 뺄셈이 섞여 있는 식은
묻지도 따지지도 말고 앞에서부터 차례로 계산해요.

계산하세요.

❶ $38+7-25=$ □

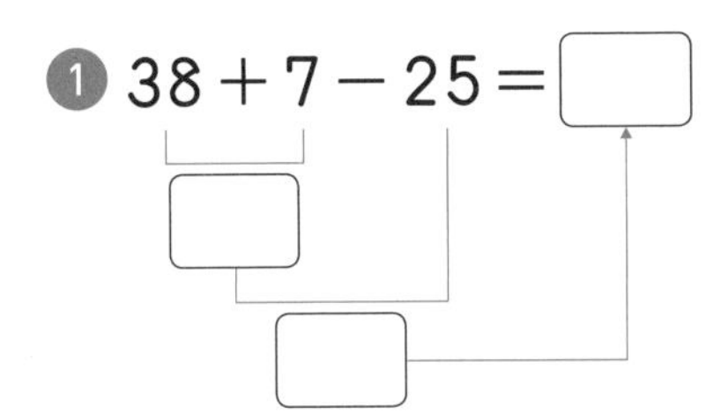

❷ $56-28+6=$ □

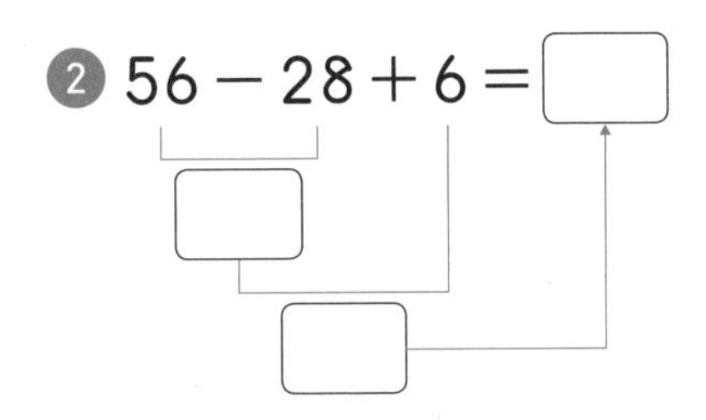

❸ $25+8-13=$

❹ $47+9-16=$

❺ $32+13-18=$

❻ $39+24-25=$

❼ $26-19+8=$

❽ $36-27+9=$

❾ $43-17+23=$

❿ $52-39+16=$

곱셈과 나눗셈이 섞여 있는 식도 괄호가 없는 경우는
계산 순서를 고민하지 말고 차례로 계산하면 돼요.

계산하세요.

❶ $12 \times 4 \div 8 =$ ☐

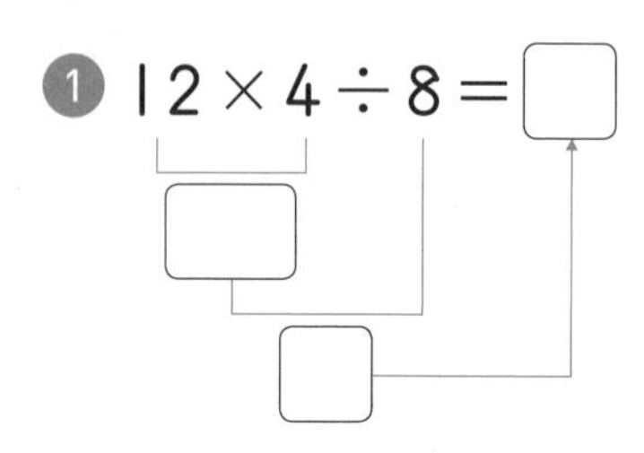

❷ $77 \div 7 \times 8 =$ ☐

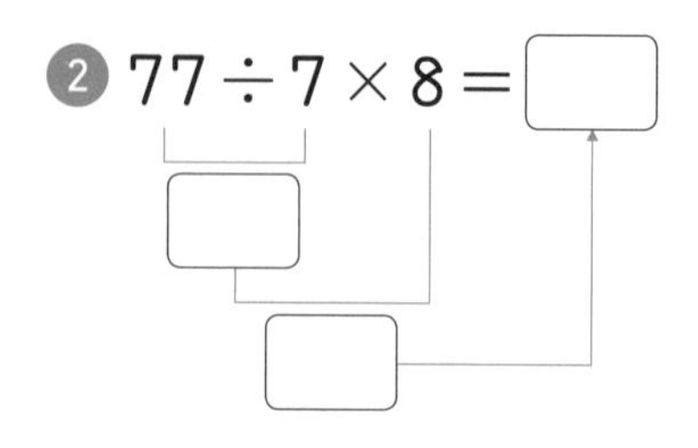

❸ $18 \times 5 \div 6 =$

❹ $15 \times 4 \div 5 =$

❺ $12 \times 8 \div 16 =$

❻ $42 \times 5 \div 7 =$

❼ $48 \div 8 \times 3 =$

❽ $25 \div 5 \times 6 =$

❾ $56 \div 7 \times 6 =$

❿ $42 \div 14 \times 12 =$

덧셈과 뺄셈이 섞여 있거나 곱셈과 나눗셈이 섞여 있으면 앞에서부터 차례로 계산하지만
(　)가 있는 식은 (　) 안을 먼저 계산한 다음 나머지를 차례로 계산하는 것을 꼭 기억해요.

계산하세요.

❶ $30-(5+12)=$ □

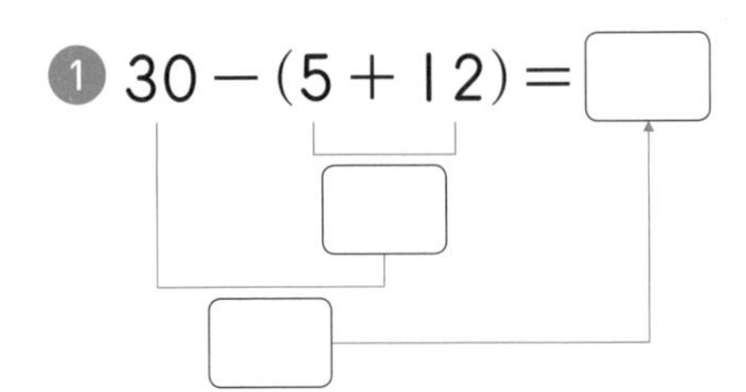

❷ $9\times(16\div4)=$ □

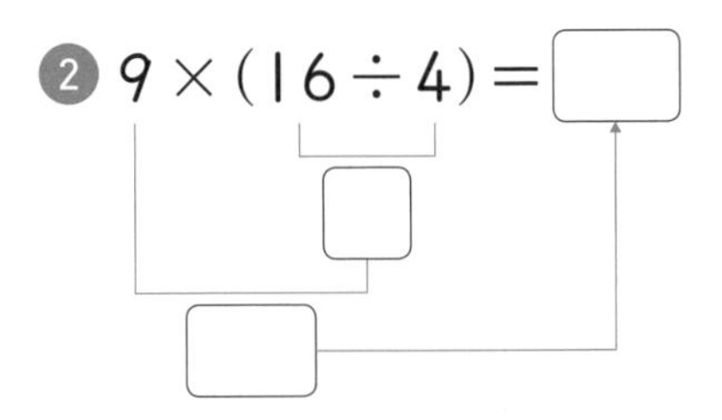

❸ $43-(12+18)=$

❹ $61-(17+14)=$

❺ $59-(13+28)=$

❻ $72-(32+21)=$

❼ $12\times(20\div5)=$

❽ $36\div(2\times3)=$

❾ $13\times(22\div11)=$

❿ $72\div(4\times2)=$

도전! 땅 짚고 헤엄치는 문장제

쉬운 문장제로 연산의 기본 개념을 익혀 봐요!

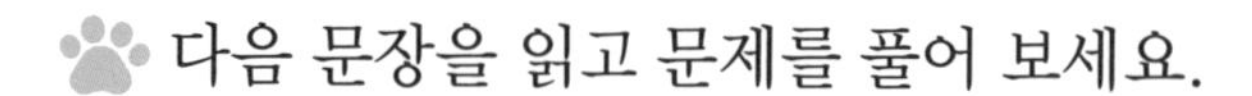

다음 문장을 읽고 문제를 풀어 보세요.

① 버스에 16명이 타고 있었는데 다음 정류장에서 7명이 내렸고, 9명이 더 탔습니다. 지금 버스에 타고 있는 사람은 몇 명일까요?

____

② 주차장에 자동차가 21대 있었습니다. 한 시간 동안 주차장에 출입한 자동차를 보았더니 13대가 나갔고 6대가 들어 왔습니다. 지금 주차장에 있는 자동차는 모두 몇 대일까요?

____

③ 한 봉지에 15개씩 들어 있는 사탕 4봉지를 사서 10명의 학생에게 똑같이 나누어 주려고 합니다. 한 명에게 몇 개씩 나누어 줄 수 있을까요?

____

④ 시장에서 굴비 4두름을 사서 냉장고에 넣고, 한 번에 5마리씩 나누어 구워 먹으려고 합니다. 냉장고에 있는 굴비를 몇 번 구워 먹을 수 있을까요?

____

④ 굴비 한 두름은 20마리예요.

곱셈과 나눗셈은 덧셈과 뺄셈보다 먼저!

✪ 덧셈, 뺄셈, 곱셈이 섞여 있는 식

① 덧셈, 뺄셈, 곱셈이 섞여 있는 식은 [1] ☐ 을 먼저 계산합니다.

$16+3\times8-5=35$

❶ 24
❷ 40
❸ 35

② ( )가 있는 식은 ( ) 안을 먼저 계산합니다.

$16+3\times(8-5)=25$

❶ 3
❷ 9
❸ 25

✪ 덧셈, 뺄셈, 나눗셈이 섞여 있는 식

① 덧셈, 뺄셈, 나눗셈이 섞여 있는 식은 [2] ☐ 을 먼저 계산합니다.

$17+32-16\div4=45$

❶ 4
❷ 49
❸ 45

② ( )가 있는 식은 [3] ☐ 안을 먼저 계산합니다.

$17+(32-16)\div4=21$

❶ 16
❷ 4
❸ 21

바빠 꿀팁!

• 더하기 빼기 연결고리 기차를 만들어요!

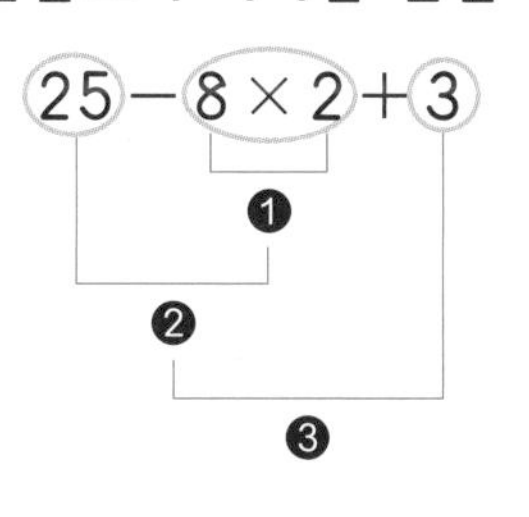

더하기와 빼기를 남기고 동그라미를 그리면 기차 모양이 돼요.
곱셈이나 나눗셈을 먼저 계산한 다음 덧셈, 뺄셈을 차례로 계산해 보세요.

1. 곱셈 2. 나눗셈 3. ( )

덧셈, 뺄셈, 곱셈이 섞여 있으면 곱셈을 먼저 계산하죠?
이때 순서를 혼동하지 않으려면 계산 순서대로 선을 그어 봐요.

계산하세요.

① $37+2\times2-13=$

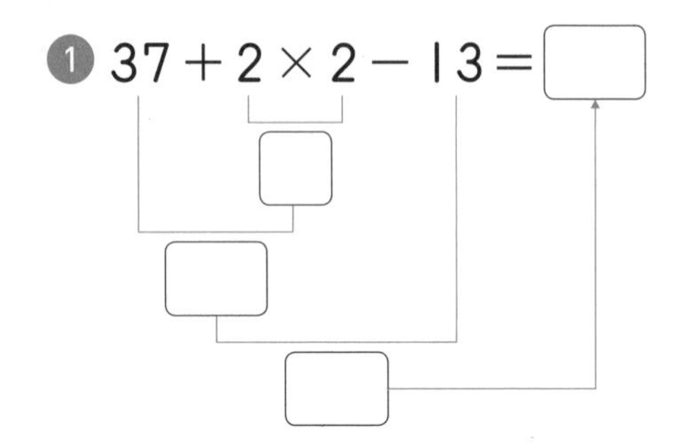

② $3\times5+16-28=$

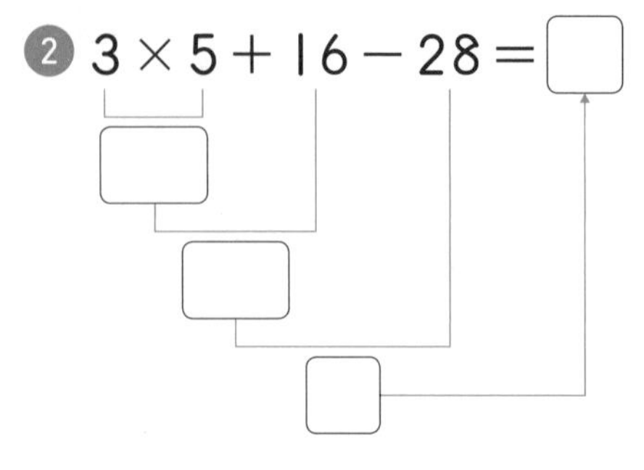

③ $22+7\times4-18=$

④ $46-3\times9+15=$

⑤ $26+12\times3-19=$

⑥ $60-11\times4+26=$

⑦ $72-14\times4+31=$

⑧ $100-7\times13+34=$

⑨ $7\times8+12-39=$

⑩ $14\times7-40+16=$

덧셈, 뺄셈, 나눗셈이 섞여 있다면 나눗셈을 먼저 계산해요.

계산하세요.

❶ $46+24\div4-28=\square$

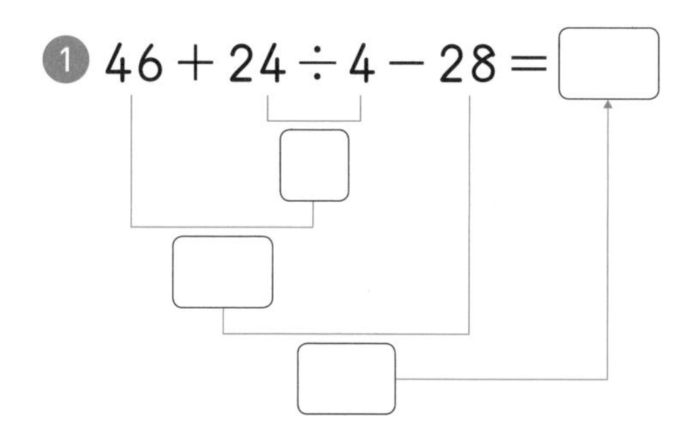

❷ $20\div5+28-14=\square$

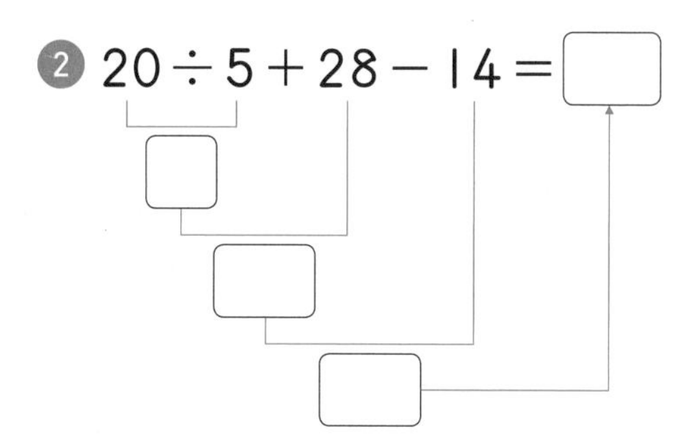

❸ $27+42\div3-12=$

❹ $25-64\div8+25=$

❺ $30+54\div3-11=$

❻ $50-48\div12+24=$

❼ $32-51\div17+29=$

❽ $82-90\div18+23=$

❾ $66\div3+18-10=$

❿ $120\div24-3+28=$

(　)가 있으면 (　) 안을 먼저 계산하는 것을 꼭 기억해요.

계산하세요.

❶ $23+3\times(18-9)=$ ☐

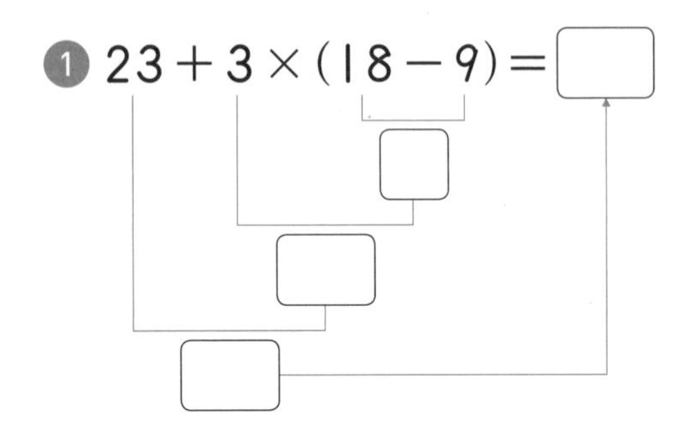

❷ $50-(13+9)\div2=$ ☐

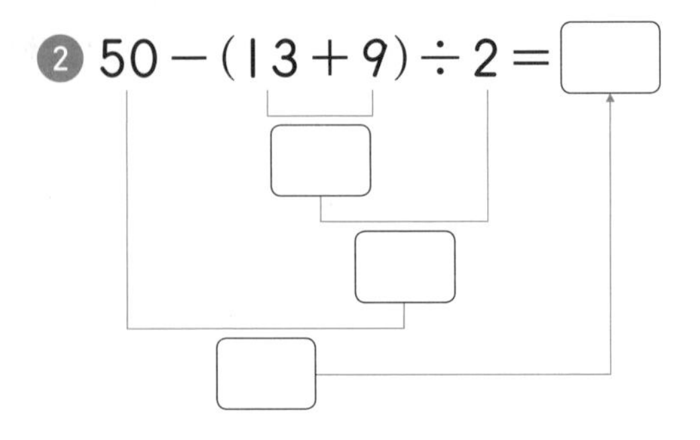

❸ $12+(24-16)\times8=$

❹ $3\times(15+5)-41=$

❺ $58-2\times(3+21)=$

❻ $145-4\times(15+17)=$

❼ $36-(32+24)\div8=$

❽ $(21+18)\div3-13=$

❾ $120\div(7+5)-4=$

❿ $135\div(8+7)-2=$

도전! 땅 짚고 헤엄치는 문장제

쉬운 문장제로 연산의 기본 개념을 익혀 봐요!

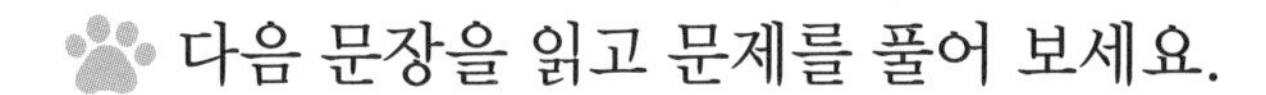

❶ 시장에서 달걀 30개를 샀습니다. 이 중 냉장고에 3개씩 5줄을 넣고, 2개는 삶아 먹었습니다. 남아 있는 달걀은 몇 개일까요?

____

❷ 은영이는 사탕 25개를 가지고 있었습니다. 매일 2개씩 일주일 동안 먹었고, 사탕 13개를 언니에게 더 받았습니다. 남아 있는 사탕은 몇 개일까요?

____

❸ 서준이는 딱지 24장을 형, 동생과 똑같이 나누어 가졌습니다. 딱지놀이를 해서 12장을 얻고 5장을 잃었다면 서준이에게 남아 있는 딱지는 몇 장일까요?

____

❹ 길이가 15 cm인 색 테이프 3장을 그림과 같이 겹치게 이어 붙였습니다. 이어 붙인 색 테이프의 전체 길이는 몇 cm일까요?

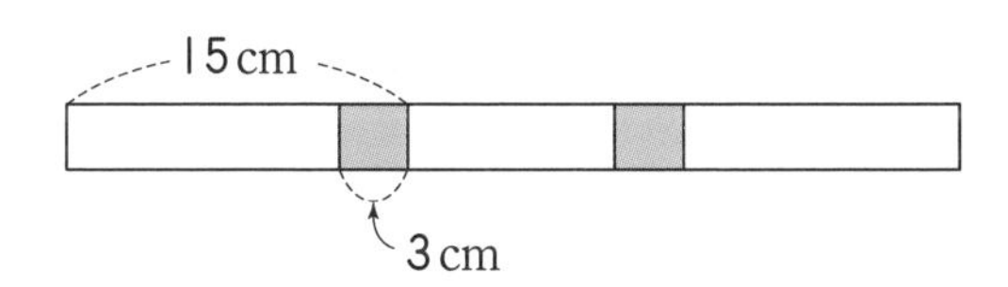

____

❸ 서준, 형, 동생이 똑같이 나누어 가졌으므로 딱지놀이를 하기 전에 서준이가 가지고 있던 딱지는 24÷3(장)이에요.

덧셈, 뺄셈, 곱셈, 나눗셈 모두 모여라!

✪ 덧셈, 뺄셈, 곱셈, 나눗셈이 섞여 있는 식

덧셈, 뺄셈, 곱셈, 나눗셈이 섞여 있는 식은 곱셈과 [1] ☐ 을 먼저 계산합니다.

$40-30\div5\times3+4=26$

❶ 6
❷ 18
❸ 22
❹ 26

✪ 덧셈, 뺄셈, 곱셈, 나눗셈, (　)가 섞여 있는 식

덧셈, 뺄셈, 곱셈, 나눗셈, (　)가 섞여 있으면 [2] ☐ 안을 먼저 계산합니다.

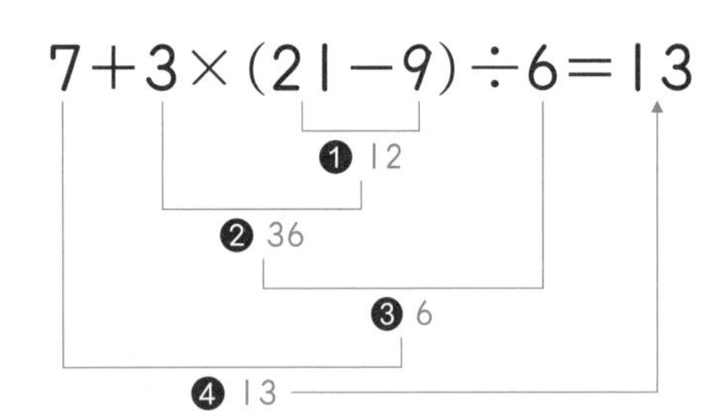

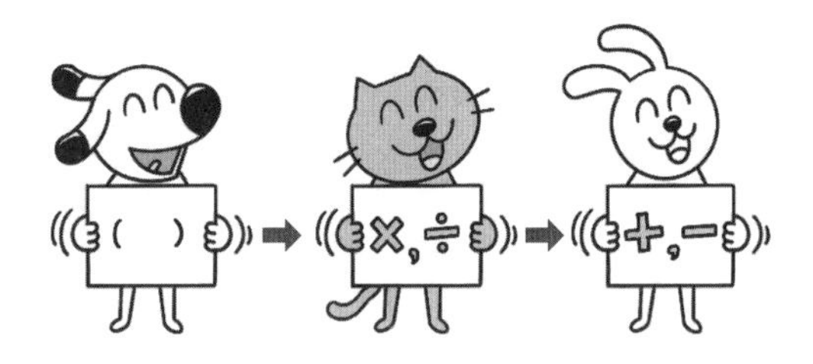

바빠 꿀팁!

• {　}도 괄호의 종류 중 하나예요.

$3\times\{(23+17)\div4\}-10=20$

❶ 40
❷ 10
❸ 30
❹ 20

(　), {　}가 섞여 있으면 (　) 안을 가장 먼저 계산하고, 그 다음 {　} 안을 계산해요.
두 괄호를 구분하기 위해서 (　)는 소괄호, {　}는 중괄호라고 불러요.
{　}는 나중에 중1이 되면 배울 거예요.

1. 나눗셈 2. (　)

쉬운 덧셈, 뺄셈부터 계산하고 싶겠지만 그러면 답이 완전히 달라져요.
곱셈, 나눗셈을 먼저 계산해야 해요.

계산하세요.

❶ $14+4\times9\div6-20=$ □

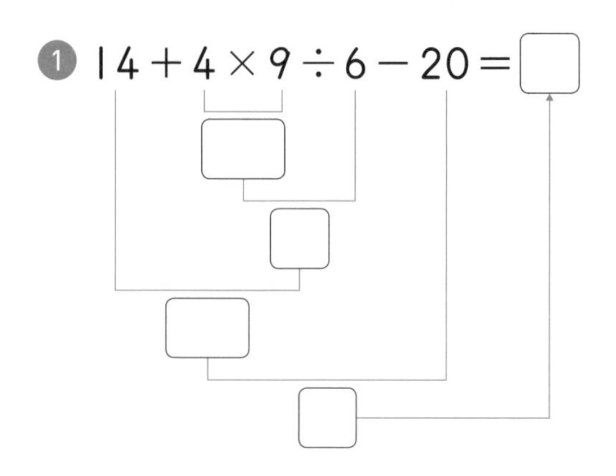

❷ $10+8\times5\div2-17=$

❸ $42-15\times3\div3+18=$

❹ $38-3\times14\div7+13=$

❺ $57\div3-12+20\times4=$

❻ $63\div9+13-5\times3=$

❼ $4\times9\div6+40-16=$

덧셈, 뺄셈일지라도 괄호로 묶여 있는 식은 가장 먼저 계산해요.

계산하세요.

❶ $2 \times (13 + 4) - 18 \div 9 =$ ☐

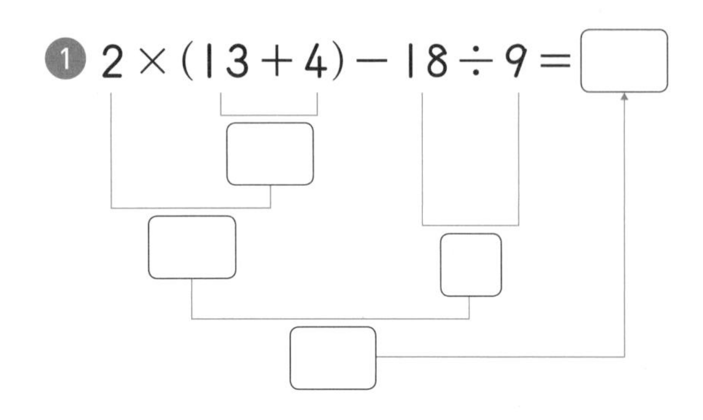

❷ $3 \times (8 + 4) \div 9 - 4 =$

❸ $40 \div (12 + 8) \times 15 - 7 =$

❹ $45 \div 9 \times (6 + 9) - 54 =$

❺ $6 \times 5 - (13 + 17) \div 3 =$

❻ $10 + 90 \div (18 - 9) \times 3 =$

❼ $(24 - 8) \div 2 + 4 \times 8 =$

식이 길어서 계산이 복잡할 것 같지만 계산 순서만 정확히 알고 차근차근 푼다면 긴 식도 점점 짧아지고 답도 간단해질 거예요.

계산하세요.

❶ $5 \times 12 \div 3 - 8 + 12 =$

❷ $2 \times 16 - 12 + 35 \div 5 =$

❸ $28 - 4 \times 13 \div (19 + 7) =$

❹ $40 \div 8 \times (29 - 14) + 36 =$

❺ $5 \times 9 - (18 + 17) \div 7 =$

❻ $(12 - 6) \div 2 + 3 \times 5 =$

❼ $62 - (15 + 13) \div 4 \times 8 =$

보너스~. 괄호가 여러 개 나오는 혼합 계산도 도전해 봐요!
소괄호 ( ) → 중괄호 { } 순으로 계산하고 그 밖의 수식을 계산하면 돼요.

계산하세요.

❶ $3\times\{(23+17)\div4\}-15=\square$

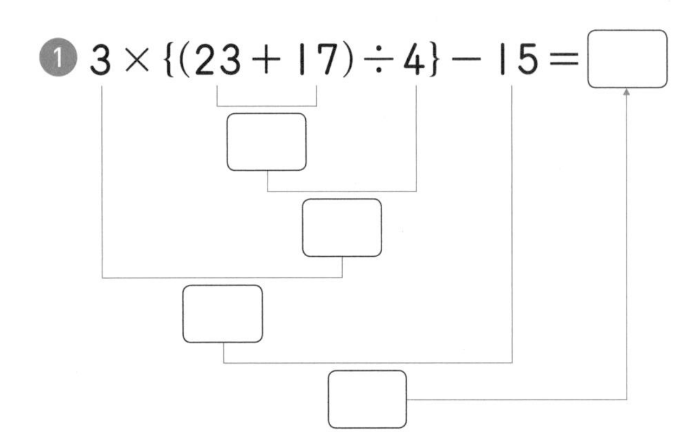

❷ $2\times\{45-(12+3)\}\div5=$

❸ $26-8\times\{63\div(19+2)\}=$

❹ $40-3\times\{(49-9)\div4\}=$

❺ $\{100-8\times(5+7)\}\div2=$

❻ $\{7\times9-(23+4)\}\div9=$

자연수의 혼합 계산까지 다 배웠어요. 여기까지 오느라 정말 수고했어요. 마무리까지 조금 더 힘내요!

도전! 땅 짚고 헤엄치는 문장제

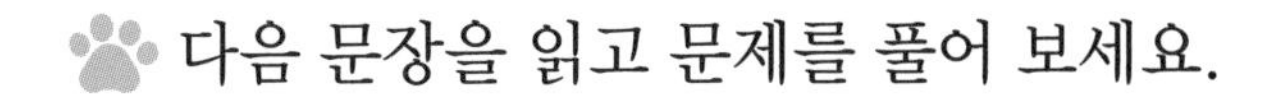

쉬운 문장제로 연산의 기본 개념을 익혀 봐요!

다음 문장을 읽고 문제를 풀어 보세요.

1. 27을 3으로 나눈 몫에서 4를 뺀 수에 8과 2의 곱을 더한 수를 구하세요.

   ____

2. 15와 4의 차를 9배 한 수를 3으로 나눈 몫에 12를 더한 수를 구하세요.

   ____

3. 36을 3으로 나눈 몫과 8을 더한 수에서 2와 7의 곱을 뺀 수를 구하세요.

   ____

4. 24와 26의 합을 5로 나눈 몫에서 2와 4의 곱을 뺀 수를 구하세요.

   ____

1. 문장을 끊어 읽으면 식을 세우기 쉬워요.

   27을 3으로 나눈 몫에서 / 4를 뺀 수 / 에 / 8과 2의 곱을 / 더한 수

   $27 \div 3$ -4 8×2 $+$

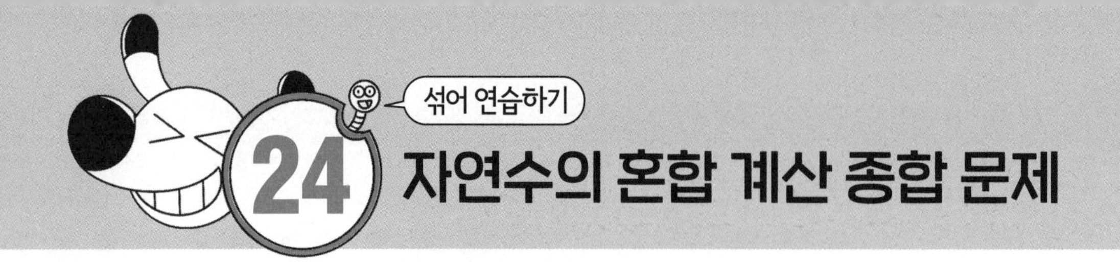

자연수의 혼합 계산 종합 문제

계산하세요.

❶ $23 - 18 + 32 =$

❷ $26 \times 4 \div 8 =$

❸ $15 + 4 \times 4 - 16 =$

❹ $6 \times 7 + 29 - 17 =$

❺ $15 + 35 \div 5 - 2 =$

❻ $62 - (22 + 18) =$

❼ $16 \times (28 \div 7) =$

❽ $72 - 4 \times (3 + 7) \div 8 =$

( )가 있으면 ( ) 안을 가장 먼저!
곱셈, 나눗셈이 덧셈, 뺄셈보다 먼저!

계산하세요.

❶ $36 \div 12 \times 24 =$

❷ $15 - 60 \div 12 + 10 =$

❸ $27 - 2 \times 14 \div 4 + 12 =$

❹ $4 \times (2 + 8) - 13 =$

❺ $45 \div 5 \times (3 + 6) - 1 =$

❻ $23 - (32 + 18) \div 5 =$

❼ $63 \div \{24 - (9 + 6)\} =$

❽ $48 \div \{4 \times (6 - 3)\} + 20 =$

계산하세요.

❶ $40 + 160 \div (61 - 45) \times 6 =$

❷ $18 + 6 \times (45 - 28) \div 34 =$

❸ $72 - (16 + 19) \div 7 \times 9 =$

❹ $99 \div 9 + 21 \times (30 - 21) =$

❺ $192 \div (18 + 14) \times 17 - 100 =$

❻ $100 - 82 + 170 \div (17 \times 5) =$

❼ $\{52 + (32 - 18) \times 2\} \div 5 =$

❽ $36 \div \{(54 - 48) \times 3\} + 18 =$

숫자 4개와 수학 기호를 이용하여 홀수가 나오는 식을 만들었습니다. ◯ 안에 +, −, ×, ÷ 중 하나를 써넣어 식을 완성해 보세요.

❶ $5 \times 5 \bigcirc 5 \div 5 = 1$

❷ $(5 + 5 + 5) \bigcirc 5 = 3$

❸ $5 \bigcirc (5 - 5) \times 5 = 5$

❹ $5 \bigcirc (5 + 5) \div 5 = 7$

❺ $5 + 5 \bigcirc 5 \div 5 = 9$

숫자 4개와 수학 기호를 이용하여
0부터 수를 만들어 가는 게임을
포 포즈(four fours) 게임이라고 해요.

🐾 혼합 계산식을 바르게 계산한 길을 따라가면 방을 탈출할 수 있습니다. 맞는 답을 찾아 길을 따라가 보세요.

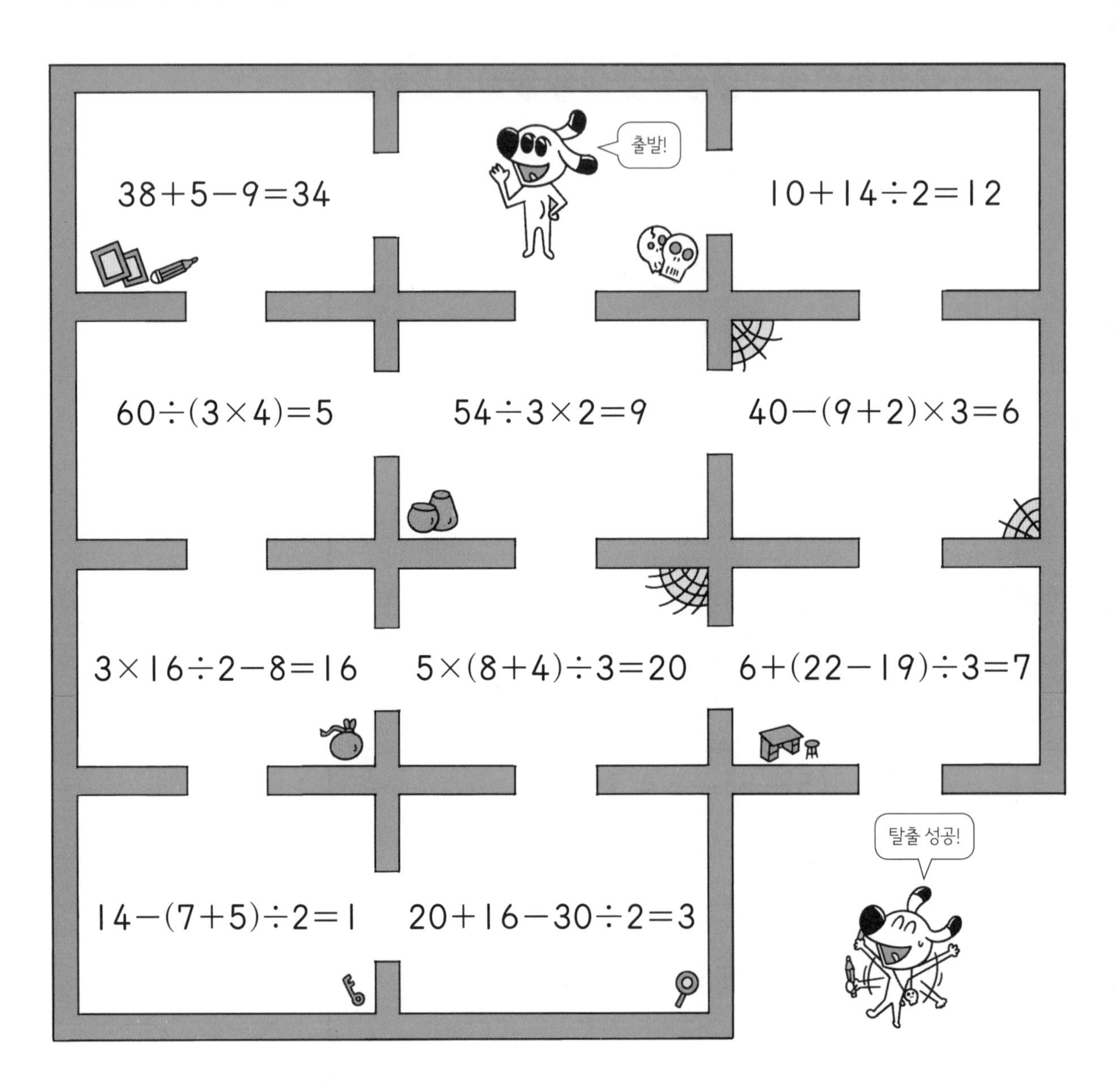

바쁜 5·6학년을 위한 빠른 나눗셈

정답

스마트폰으로도 정답을 확인할 수 있어요!

맨날 노는데
수학 잘하는 너!
도대체 비결이
뭐야?

① 정답을 확인한 후 틀린 문제는 ☆표를 쳐 놓으세요~.
② 그런 다음 연습장에 틀린 문제를 옮겨 적으세요.
③ 그리고 그 문제들만 한 번 더 풀어 보세요.

시간은 얼마 걸리지 않아요. 그러나 이때 실력이 확 붙는 거예요.
아는 문제를 여러 번 다시 푸는 건 시간 낭비예요.
내가 틀린 문제만 모아서 풀면 아무리 바쁘더라도
수학 실력을 키울 수 있어요!

비결은
간단해!

01단계 A

19쪽

① 30　② 12　③ 14　④ 25
⑤ 24　⑥ 15　⑦ 13　⑧ 30
⑨ 45　⑩ 13　⑪ 14　⑫ 13
⑬ 29　⑭ 16　⑮ 19

01단계 B

20쪽

① 16　② 14　③ 19　④ 37
⑤ 29　⑥ 23　⑦ 17　⑧ 18
⑨ 36　⑩ 15　⑪ 12　⑫ 12
⑬ 15　⑭ 49

01단계 도전! 땅 짚고 헤엄치는 문장제

21쪽

① 20개　② 12명　③ 12개
④ 15송이　⑤ 16개

① $80 \div 4 = 20$(개)
② $60 \div 5 = 12$(명)
③ $72 \div 6 = 12$(개)
④ $45 \div 3 = 15$(송이)
⑤ $32 \div 2 = 16$(개)

02

02단계 A

23쪽

① 2 … 1　② 2 … 2　③ 2 … 1
④ 1 … 4　⑤ 2 … 3　⑥ 2 … 1
⑦ 5 … 1　⑧ 2 … 2　⑨ 2 … 3
⑩ 6 … 2　확인 $4 \times 6 = 24$, $24 + 2 = 26$
⑪ 5 … 3　확인 $5 \times 5 = 25$, $25 + 3 = 28$
⑫ 4 … 2　확인 $7 \times 4 = 28$, $28 + 2 = 30$

02단계 B

24쪽

① 6 … 4　② 5 … 1　③ 5 … 1
④ 3 … 8　⑤ 8 … 2　⑥ 7 … 3
⑦ 9 … 2　⑧ 7 … 2
⑨ 7 … 4　확인 $8 \times 7 = 56$, $56 + 4 = 60$
⑩ 8 … 6　확인 $7 \times 8 = 56$, $56 + 6 = 62$
⑪ 7 … 2　확인 $9 \times 7 = 63$, $63 + 2 = 65$

02단계 C

25쪽

① 5 … 1　② 7 … 1　③ 5 … 3
④ 8 … 5　⑤ 8 … 1　⑥ 8 … 5
⑦ 7 … 4　⑧ 7 … 7　⑨ 8 … 4
⑩ 8 … 3　확인 $6 \times 8 = 48$, $48 + 3 = 51$
⑪ 8 … 8　확인 $9 \times 8 = 72$, $72 + 8 = 80$

02단계 도전! 땅 짚고 헤엄치는 문장제

26쪽

① 8장, 2장　② 6권, 2권　③ 7일, 2개
④ 8도막, 4 cm　⑤ 7접시, 7개

① $26 \div 3 = 8 \cdots 2$
② $50 \div 8 = 6 \cdots 2$
③ $30 \div 4 = 7 \cdots 2$
④ $60 \div 7 = 8 \cdots 4$
⑤ $70 \div 9 = 7 \cdots 7$

03단계 A 28쪽

① 11 … 1　② 10 … 2　③ 17 … 1
④ 10 … 1　⑤ 15 … 1　⑥ 26 … 1
⑦ 18 … 2　⑧ 14 … 3　⑨ 12 … 1
⑩ 10 … 3　확인 6×10=60, 60+3=63
⑪ 37 … 1　확인 2×37=74, 74+1=75
⑫ 11 … 6　확인 7×11=77, 77+6=83

03단계 B 29쪽

① 12 … 2　② 28 … 1　③ 20 … 2
④ 11 … 5　⑤ 14 … 4　⑥ 19 … 1
⑦ 11 … 1　⑧ 16 … 2　⑨ 10 … 6
⑩ 14 … 5　확인 6×14=84, 84+5=89
⑪ 13 … 1　확인 7×13=91, 91+1=92
⑫ 10 … 5　확인 9×10=90, 90+5=95

03단계 C 30쪽

① 19 … 1　② 14 … 2　③ 13 … 2
④ 15 … 3　⑤ 21 … 2　⑥ 12 … 5
⑦ 12 … 3　⑧ 24 … 2　⑨ 11 … 5
⑩ 11 … 2　확인 8×11=88, 88+2=90
⑪ 24 … 1　확인 4×24=96, 96+1=97

03단계 도전! 땅 짚고 헤엄치는 문장제 31쪽

① 12모둠, 1명　② 10봉지, 3개　③ 12개, 3개
④ 13칸, 2권　⑤ 13대

① 37÷3=12 … 1
② 53÷5=10 … 3
③ 51÷4=12 … 3
④ 80÷6=13 … 2
⑤ 90÷7=12 … 6

04

04단계 종합 문제 32쪽

① 14　② 13 … 2　③ 38　④ 5 … 5
⑤ 26 … 1　⑥ 13　⑦ 12　⑧ 7 … 1
⑨ 23　⑩ 9 … 1　⑪ 14 … 4　⑫ 13 … 3

04단계 종합 문제 33쪽

① 24 … 2　② 16　③ 14　④ 13 … 2
⑤ 39　⑥ 14　⑦ 7 … 5　⑧ 18 … 3
⑨ 27 … 2　⑩ 49 … 1　⑪ 19　⑫ 11 … 6

04단계 종합 문제 34쪽

① 54, 63, 72, 81　② 50, 60, 70, 80
③ 55, 66, 77, 88　④ 60, 72, 84, 96
⑤ 52, 65, 78, 91　⑥ 56, 70, 84, 98
⑦ 45, 60, 75, 90　⑧ 48, 64, 80, 96

04단계 종합 문제 35쪽

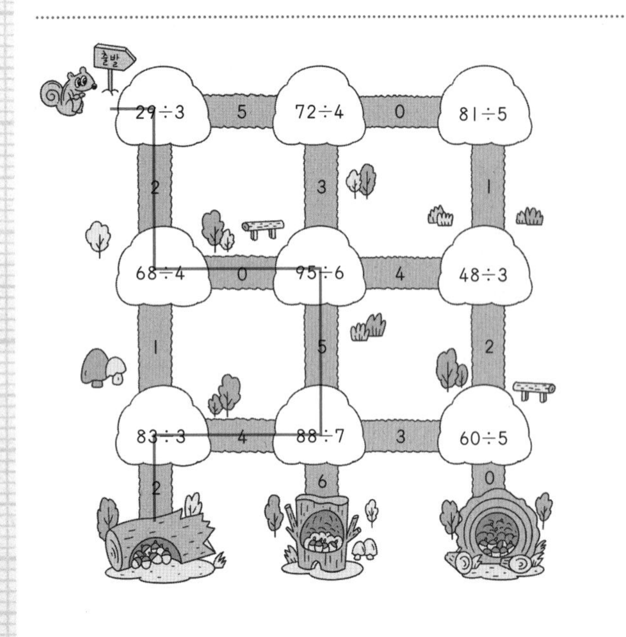

05단계 A 39쪽

① 132 ② 213 ③ 121 ④ 110
⑤ 314 ⑥ 101 ⑦ 323 ⑧ 210
⑨ 209 ⑩ 105 ⑪ 208 ⑫ 109

05단계 B 40쪽

① 128 ② 144 ③ 189 ④ 195
⑤ 266 ⑥ 145 ⑦ 123 ⑧ 257
⑨ 377 ⑩ 255 ⑪ 137

05단계 C 41쪽

① 196 ② 249 ③ 168 ④ 142
⑤ 287 ⑥ 122 ⑦ 476 ⑧ 188
⑨ 122 ⑩ 288 ⑪ 185

05단계  42쪽

① 123명 ② 121자루 ③ 185개
④ 127개 ⑤ 325개

① 246÷2=123(명)
② 484÷4=121(자루)
③ 555÷3=185(개)
④ 635÷5=127(개)
⑤ 975÷3=325(개)

06단계 A 44쪽

① 136 … 1 ② 118 … 2 ③ 130 … 3
④ 195 … 1 ⑤ 187 … 1 ⑥ 177 … 1
⑦ 137 … 2 ⑧ 142 … 4 ⑨ 136 … 5
⑩ 268 … 1 확인 2×268=536, 536+1=537
⑪ 148 … 2 확인 5×148=740, 740+2=742
⑫ 117 … 7 확인 8×117=936, 936+7=943

06단계 B 45쪽

① 158 … 1 ② 104 … 4 ③ 153 … 2
④ 118 … 3 ⑤ 166 … 1 ⑥ 123 … 2
⑦ 235 … 1 ⑧ 374 … 1 ⑨ 126 … 4
⑩ 285 … 2 확인 3×285=855, 855+2=857
⑪ 198 … 3 확인 4×198=792, 792+3=795
⑫ 122 … 5 확인 7×122=854, 854+5=859

06단계 C 46쪽

① 171 … 1　② 166 … 2　③ 196 … 2
④ 168 … 1　⑤ 122 … 4　⑥ 368 … 1
⑦ 263 … 2　⑧ 226 … 1　⑨ 117 … 6
⑩ 495 … 1　확인 2×495=990, 990+1=991
⑪ 135 … 3　확인 7×135=945, 945+3=948
⑫ 274 … 2　확인 3×274=822, 822+2=824

06단계  땅 짚고 헤엄치는 문장제 47쪽

① 114묶음, 2개　② 128병, 1L　③ 118명, 1자루
④ 122자루, 3개　⑤ 103개, 4개

① 572÷5=114 … 2
② 385÷3=128 … 1
③ 473÷4=118 … 1
④ 735÷6=122 … 3
⑤ 828÷8=103 … 4

07

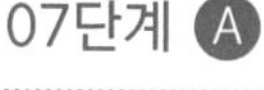

07단계 A 49쪽

① 70　② 55　③ 69　④ 65
⑤ 45　⑥ 76　⑦ 76　⑧ 38
⑨ 90　⑩ 87　⑪ 67　⑫ 86

07단계 B 50쪽

① 47　② 94　③ 66　④ 57
⑤ 28　⑥ 58　⑦ 27　⑧ 85
⑨ 54　⑩ 63　⑪ 73

07단계 C 51쪽

① 35　② 67　③ 64　④ 85
⑤ 77　⑥ 59　⑦ 87　⑧ 75
⑨ 67　⑩ 98　⑪ 89　⑫ 95

07단계  땅 짚고 헤엄치는 문장제 52쪽

① 50자루　② 36개　③ 39모둠
④ 68봉지　⑤ 78개

① 150÷3=50(자루)
② 252÷7=36(개)
③ 312÷8=39(모둠)
④ 408÷6=68(봉지)
⑤ 702÷9=78(개)

08단계 A 54쪽

① 53 … 1　② 53 … 3　③ 49 … 1
④ 67 … 4　⑤ 67 … 1　⑥ 42 … 4
⑦ 62 … 4　⑧ 80 … 5　⑨ 85 … 1
⑩ 62 … 2　확인 6×62=372, 372+2=374
⑪ 45 … 8　확인 9×45=405, 405+8=413
⑫ 74 … 3　확인 7×74=518, 518+3=521

08단계 B 55쪽

① 86 ··· 1 ② 65 ··· 2 ③ 34 ··· 3
④ 48 ··· 3 ⑤ 56 ··· 2 ⑥ 27 ··· 3
⑦ 74 ··· 2 ⑧ 65 ··· 3 ⑨ 78 ··· 3
⑩ 58 ··· 4 확인 9×58=522, 522+4=526
⑪ 74 ··· 7 확인 9×74=666, 666+7=673
⑫ 59 ··· 3 확인 8×59=472, 472+3=475

08단계 C 56쪽

① 76 ··· 1 ② 27 ··· 3 ③ 68 ··· 3
④ 87 ··· 1 ⑤ 54 ··· 4 ⑥ 39 ··· 1
⑦ 85 ··· 2 ⑧ 86 ··· 4 ⑨ 93 ··· 3
⑩ 87 ··· 5 확인 6×87=522, 522+5=527
⑪ 92 ··· 5 확인 8×92=736, 736+5=741
⑫ 88 ··· 8 확인 9×88=792, 792+8=800

08단계 도전! 땅 짚고 헤엄치는 문장제 57쪽

① 23도막, 6 cm ② 72명, 4권 ③ 57개, 1개
④ 27개, 7개 ⑤ 57개

① 190÷8=23 ··· 6
② 364÷5=72 ··· 4
③ 400÷7=57 ··· 1
④ 250÷9=27 ··· 7
⑤ 340÷6=56 ··· 4

09단계 종합 문제 58쪽

① 158 ② 150 ··· 1 ③ 92 ··· 3
④ 95 ⑤ 73 ··· 2 ⑥ 71
⑦ 63 ··· 2 ⑧ 129 ··· 4 ⑨ 155 ··· 2
⑩ 171 ··· 2 ⑪ 118 ⑫ 60 ··· 6

09단계 종합 문제 59쪽

① 237 ··· 2 ② 430 ··· 1 ③ 88 ··· 5
④ 124 ··· 4 ⑤ 147 ··· 1 ⑥ 136 ··· 6
⑦ 72 ··· 1 ⑧ 67 ··· 1 ⑨ 75 ··· 2
⑩ 162 ⑪ 85 ⑫ 89 ··· 1

09단계 종합 문제 60쪽

① 123 ② 170 ··· 3 ③ 129 ··· 4
④ 39 ⑤ 93 ··· 2 ⑥ 89 ··· 6
⑦ 71 ··· 2 ⑧ 67 ··· 2 ⑨ 127 ··· 1
⑩ 94 ··· 2 ⑪ 79 ⑫ 61 ··· 7

09단계 종합 문제 61쪽

①

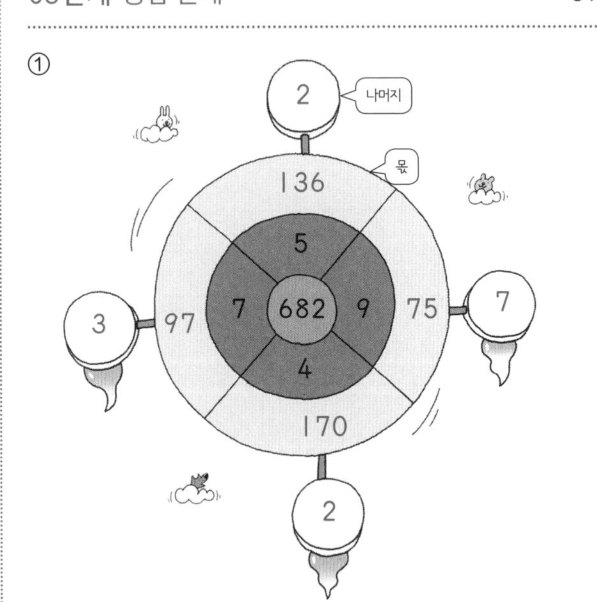

②

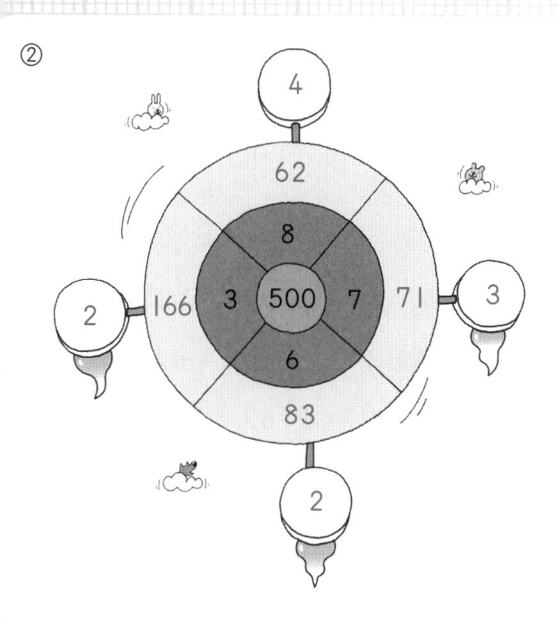

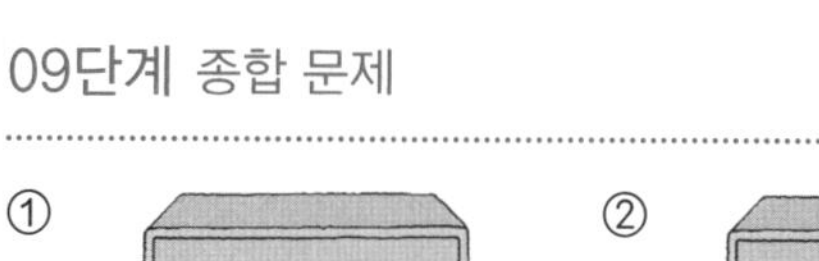

09단계 종합 문제 62쪽

①

② ③ ④

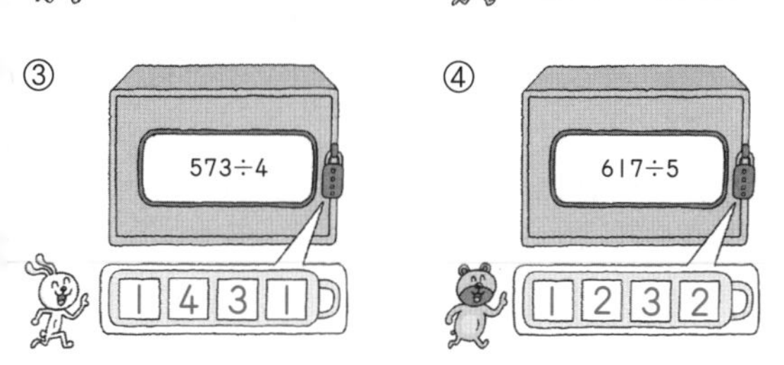

10단계 A 65쪽

① 4	② 2	③ 2
④ 3 … 2	⑤ 3 … 4	⑥ 1 … 7
⑦ 1 … 29	⑧ 3 … 13	⑨ 2 … 1
⑩ 1 … 34	⑪ 2 … 3	⑫ 9
⑬ 2 … 13	⑭ 4 … 12	⑮ 1 … 28

10단계 B 66쪽

① 3 … 15	② 2 … 15	③ 1 … 28
④ 1 … 25	⑤ 2 … 15	⑥ 2 … 5
⑦ 1 … 19	⑧ 1 … 9	⑨ 3 … 16
⑩ 2 … 22	⑪ 1 … 31	⑫ 3 … 3
⑬ 1 … 34	⑭ 4 … 15	

10단계 도전! 땅 짚고 헤엄치는 문장제 67쪽

① 2개	② 4일, 10쪽	③ 2개, 12개
④ 7개	⑤ 4자루, 15 kg	

① $80 \div 40 = 2$(개)

② $90 \div 20 = 4 \cdots 10$

③ $72 \div 30 = 2 \cdots 12$

④ $87 \div 40 = 2 \cdots 7$

⑤ $95 \div 20 = 4 \cdots 15$

11단계 A 69쪽

① 3	② 3	③ 5	④ 4
⑤ 5	⑥ 3	⑦ 2	⑧ 3
⑨ 2	⑩ 3	⑪ 2	⑫ 2

11단계 B 70쪽

① 2 … 6	② 3 … 13	③ 5 … 2
④ 5 … 7	⑤ 4 … 8	⑥ 3 … 1
⑦ 2 … 22	⑧ 3 … 11	⑨ 3 … 3
⑩ 2 … 3	⑪ 2 … 26	⑫ 2 … 7

11단계 C 71쪽

① 7 … 3　② 4 … 7　③ 3 … 10
④ 7 … 3　⑤ 3 … 14　⑥ 2 … 16
⑦ 8 … 1　⑧ 2 … 6　⑨ 4 … 5
⑩ 3 … 16　⑪ 2 … 17

11단계 도전! 땅 짚고 헤엄치는 문장제 72쪽

① 5일　② 2상자, 8개　③ 6다발, 2송이
④ 9마리　⑤ 3대

① 60÷12=5(일)
② 40÷16=2 … 8
③ 80÷13=6 … 2
④ 54÷15=3 … 9
⑤ 95÷38=2 … 19

12단계 A 74쪽

① 2 … 7　② 4 … 7　③ 5 … 7
④ 3 … 1　⑤ 3 … 14　⑥ 3 … 21
⑦ 3 … 10　⑧ 3 … 16　⑨ 5 … 12
⑩ 3 … 5　확인 24×3=72, 72+5=77
⑪ 2 … 15　확인 19×2=38, 38+15=53
⑫ 3 … 12　확인 26×3=78, 78+12=90

12단계 B 75쪽

① 2 … 9　② 2 … 13　③ 2 … 12
④ 7 … 7　⑤ 4 … 2　⑥ 4 … 1
⑦ 2 … 17　⑧ 3 … 13　⑨ 2 … 11
⑩ 3 … 11　확인 26×3=78, 78+11=89
⑪ 2 … 22　확인 27×2=54, 54+22=76
⑫ 3 … 6　확인 29×3=87, 87+6=93

12단계 C 76쪽

① 2 … 9　② 3 … 14　③ 7 … 1
④ 3 … 6　⑤ 2 … 17　⑥ 2 … 14
⑦ 4 … 11　⑧ 3 … 3　⑨ 2 … 22
⑩ 8 … 3　확인 12×8=96, 96+3=99
⑪ 5 … 2　확인 19×5=95, 95+2=97
⑫ 3 … 15　확인 22×3=66, 66+15=81

12단계 도전! 땅 짚고 헤엄치는 문장제 77쪽

① 5줄, 2명　② 21대　③ 86
④ 6칸, 3개　⑤ 7명, 6개

① 72÷14=5 … 2
② 87÷22=3 … 21
③ 어떤 수를 □라고 하면
□÷23=3 … 17,
23×3=69, 69+17=□, □=86
④ 69÷11=6 … 3
⑤ 90÷12=7 … 6

13단계 종합 문제 78쪽

① 4 ··· 3	② 1 ··· 14	③ 1 ··· 19
④ 1 ··· 12	⑤ 2 ··· 17	⑥ 4 ··· 3
⑦ 4 ··· 5	⑧ 2 ··· 21	⑨ 2 ··· 16
⑩ 6 ··· 4	⑪ 2 ··· 17	⑫ 2 ··· 9

13단계 종합 문제 79쪽

① 4 ··· 13	② 4 ··· 12	③ 2 ··· 2
④ 3 ··· 10	⑤ 3 ··· 11	⑥ 2 ··· 25
⑦ 1 ··· 36	⑧ 3 ··· 9	⑨ 1 ··· 43
⑩ 2 ··· 26	⑪ 2 ··· 20	⑫ 2 ··· 8

13단계 종합 문제 80쪽

① 1 ··· 20	② 4 ··· 13	③ 4 ··· 2
④ 1 ··· 19	⑤ 3 ··· 11	⑥ 1 ··· 9
⑦ 5 ··· 2	⑧ 2 ··· 12	⑨ 3 ··· 11
⑩ 3 ··· 11	⑪ 2 ··· 27	⑫ 3 ··· 17

13단계 종합 문제 81쪽

①

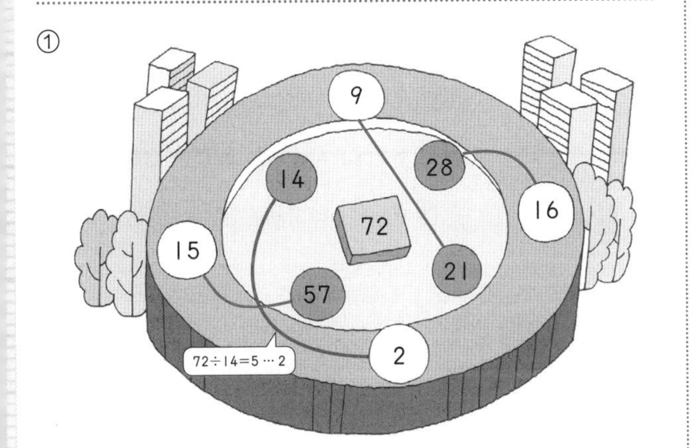

$72 \div 28 = 2 \cdots 16$　　$72 \div 21 = 3 \cdots 9$

$72 \div 57 = 1 \cdots 15$　　$72 \div 14 = 5 \cdots 2$

②

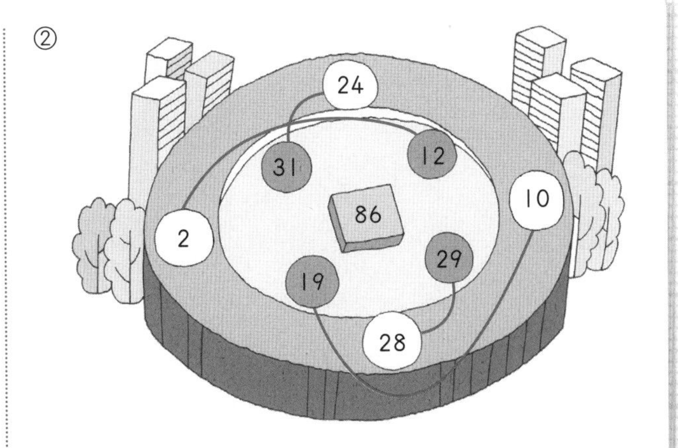

$86 \div 12 = 7 \cdots 2$　　$86 \div 29 = 2 \cdots 28$

$86 \div 19 = 4 \cdots 10$　　$86 \div 31 = 2 \cdots 24$

13단계 종합 문제 82쪽

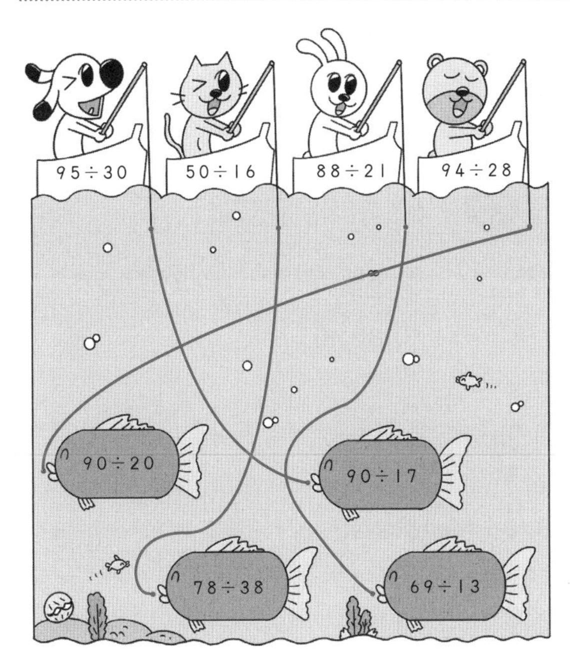

14

14단계 Ⓐ 85쪽

① 6	② 5	③ 7
④ 8 ··· 10	⑤ 5 ··· 30	⑥ 6 ··· 10
⑦ 5	⑧ 7 ··· 10	⑨ 8
⑩ 7 ··· 10	⑪ 9	⑫ 4 ··· 10
⑬ 8 ··· 20	⑭ 7	⑮ 8 ··· 40

14단계 B

86쪽

① 5 … 14	② 5 … 23	③ 3 … 5
④ 6 … 12	⑤ 3 … 45	⑥ 7 … 17
⑦ 6 … 26	⑧ 9 … 5	⑨ 8 … 14
⑩ 6 … 27	⑪ 8 … 13	⑫ 5 … 16
⑬ 6 … 12	⑭ 8 … 69	⑮ 9 … 24

14단계 C

87쪽

① 4 … 5	② 6 … 26	③ 6 … 16
④ 6 … 36	⑤ 6 … 19	⑥ 2 … 24
⑦ 7 … 13	⑧ 6 … 6	⑨ 9 … 21
⑩ 3 … 72	⑪ 7 … 18	⑫ 7 … 21
⑬ 8 … 53	⑭ 8 … 77	

14단계 도전! 땅 짚고 헤엄치는 문장제

88쪽

① 8상자	② 6명, 5개	③ 9상자, 5개
④ 7봉지, 10개	⑤ 32 mL	

① 320÷40=8(상자)

② 125÷20=6 … 5

③ 545÷60=9 … 5

④ 500÷70=7 … 10

⑤ 672÷80=8 … 32

15

15단계 A

90쪽

① 9	② 8 … 8	③ 9 … 9
④ 8 … 1	⑤ 9 … 1	⑥ 8 … 14
⑦ 8	⑧ 6 … 23	⑨ 7 … 19

⑩ 9 … 2 확인 19×9=171, 171+2=173

⑪ 7 … 3 확인 25×7=175, 175+3=178

⑫ 6 … 20 확인 66×6=396, 396+20=416

15단계 B

91쪽

① 6 … 2	② 8 … 4	③ 8 … 13
④ 9 … 10	⑤ 5	⑥ 5 … 6
⑦ 4 … 20	⑧ 7 … 17	⑨ 2 … 57

⑩ 6 … 36 확인 43×6=258, 258+36=294

⑪ 6 … 4 확인 58×6=348, 348+4=352

⑫ 6 … 22 확인 65×6=390, 390+22=412

15단계 C

92쪽

① 9 … 15	② 8 … 8	③ 5 … 38
④ 7 … 4	⑤ 6 … 21	⑥ 8 … 32
⑦ 4 … 2	⑧ 7 … 9	⑨ 3 … 43

⑩ 5 … 32 확인 73×5=365, 365+32=397

⑪ 6 … 39 확인 82×6=492, 492+39=531

⑫ 4 … 76 확인 95×4=380, 380+76=456

15단계 도전! 땅 짚고 헤엄치는 문장제

93쪽

① 6상자	② 9명, 5장	③ 8개, 13 g
④ 8상자	⑤ 5일	

① $138 \div 23 = 6$(상자)

② $140 \div 15 = 9 \cdots 5$

③ $293 \div 35 = 8 \cdots 13$

④ $135 \div 16 = 8 \cdots 7$

⑤ $120 \div 25 = 4 \cdots 20$

16

16단계 A 95쪽

① 24	② 24	③ 23
④ 16	⑤ 14	⑥ 13
⑦ 12 ⋯ 10	⑧ 10 ⋯ 40	⑨ 14 ⋯ 10
⑩ 13 ⋯ 20	⑪ 17 ⋯ 20	⑫ 10 ⋯ 50
⑬ 16 ⋯ 40	⑭ 10 ⋯ 70	⑮ 15 ⋯ 50

16단계 B 96쪽

① 14 ⋯ 4	② 17 ⋯ 13	③ 12 ⋯ 36
④ 16 ⋯ 29	⑤ 13 ⋯ 13	⑥ 16 ⋯ 5
⑦ 29 ⋯ 1	⑧ 27 ⋯ 7	⑨ 14 ⋯ 24
⑩ 16 ⋯ 13	⑪ 10 ⋯ 83	⑫ 38 ⋯ 9
⑬ 12 ⋯ 48	⑭ 13 ⋯ 35	⑮ 11 ⋯ 67

16단계 C 97쪽

① 22 ⋯ 12	② 15 ⋯ 18	③ 15 ⋯ 14
④ 14 ⋯ 31	⑤ 15 ⋯ 37	⑥ 12 ⋯ 34
⑦ 44 ⋯ 16	⑧ 12 ⋯ 45	⑨ 12 ⋯ 34
⑩ 15 ⋯ 5	⑪ 26 ⋯ 16	⑫ 15 ⋯ 19
⑬ 32 ⋯ 2	⑭ 11 ⋯ 68	

16단계 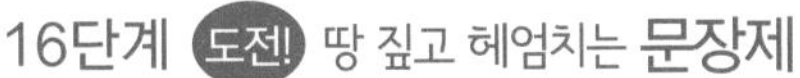 98쪽

① 34송이	② 17박스, 10캔
③ 11박스, 15권	④ 19박스, 2개
⑤ 17개	

① $680 \div 20 = 34$(송이)

② $520 \div 30 = 17 \cdots 10$

③ $895 \div 80 = 11 \cdots 15$

④ $382 \div 20 = 19 \cdots 2$

⑤ $820 \div 50 = 16 \cdots 20$

17단계 A 100쪽

① 30	② 25 ⋯ 2	③ 13 ⋯ 6
④ 17 ⋯ 22	⑤ 12 ⋯ 3	⑥ 28 ⋯ 17
⑦ 17 ⋯ 38	⑧ 32 ⋯ 13	⑨ 16 ⋯ 2

⑩ 10 ⋯ 12 확인 $68 \times 10 = 680$, $680 + 12 = 692$

⑪ 12 ⋯ 14 확인 $72 \times 12 = 864$, $864 + 14 = 878$

⑫ 11 ⋯ 58 확인 $85 \times 11 = 935$, $935 + 58 = 993$

17단계 B 101쪽

① 40 ⋯ 3	② 12 ⋯ 6	③ 20 ⋯ 2
④ 43 ⋯ 8	⑤ 31 ⋯ 6	⑥ 24 ⋯ 7
⑦ 13 ⋯ 33	⑧ 16 ⋯ 4	⑨ 12 ⋯ 60

⑩ 67 ⋯ 10 확인 $12 \times 67 = 804$, $804 + 10 = 814$

⑪ 11 ⋯ 24 확인 $64 \times 11 = 704$, $704 + 24 = 728$

⑫ 11 ⋯ 65 확인 $81 \times 11 = 891$, $891 + 65 = 956$

17단계 C

102쪽

① 31 ⋯ 4 ② 34 ⋯ 13 ③ 33 ⋯ 10
④ 18 ⋯ 8 ⑤ 15 ⋯ 41 ⑥ 30 ⋯ 18
⑦ 12 ⋯ 30 ⑧ 14 ⋯ 17 ⑨ 20 ⋯ 22
⑩ 11 ⋯ 29 확인 $36\times11=396$, $396+29=425$
⑪ 20 ⋯ 24 확인 $29\times20=580$, $580+24=604$

17단계 도전! 땅 짚고 헤엄치는 문장제

103쪽

① 25개 ② 12회 ③ 17팀, 3명
④ 583 ⑤ 175개

① $450\div18=25$(개)

② $660\div55=12$(회)

③ $428\div25=17 \cdots 3$

④ 어떤 수를 □라고 하면
□$\div18=32 \cdots 7$에서
$18\times32=576$, $576+7=$□, □$=583$

⑤ 석류의 개수를 □개라고 하면
□$\div12=14 \cdots 7$에서
$12\times14=168$, $168+7=$□, □$=175$(개)

18단계 A

105쪽

① 21 ② 30 ⋯ 3 ③ 17 ⋯ 22
④ 38 ⋯ 6 ⑤ 34 ⋯ 6 ⑥ 27 ⋯ 1
⑦ 30 ⋯ 4 ⑧ 19 ⋯ 12 ⑨ 25 ⋯ 25
⑩ 15 ⋯ 26 ⑪ 11 ⋯ 7 ⑫ 12 ⋯ 13

18단계 B

106쪽

① 32 ⋯ 8 ② 13 ⋯ 23 ③ 21 ⋯ 17
④ 30 ⋯ 4 ⑤ 20 ⋯ 15 ⑥ 21 ⋯ 20
⑦ 19 ⋯ 15 ⑧ 53 ⋯ 7 ⑨ 10 ⋯ 39
⑩ 18 ⋯ 7 ⑪ 12 ⋯ 32 ⑫ 10 ⋯ 16

18단계 C

107쪽

① 34 ⋯ 13 ② 14 ⋯ 20 ③ 11 ⋯ 7
④ 13 ⋯ 6 ⑤ 37 ⋯ 13 ⑥ 20 ⋯ 11
⑦ 23 ⋯ 22 ⑧ 12 ⋯ 39 ⑨ 11 ⋯ 17
⑩ 25 ⋯ 15 ⑪ 42 ⋯ 7 ⑫ 12 ⋯ 12

18단계 도전! 땅 짚고 헤엄치는 문장제

108쪽

① 5상자 ② 13포대, 10 kg
③ 27상자 ④ 몫: 26, 나머지: 8

① $120\div24=5$(상자)

② $270\div20=13 \cdots 10$

③ $945\div35=27$(상자)

④ 어떤 수를 □라고 하면
□$\div21=15 \cdots 5$에서
$21\times15=315$, $315+5=$□, □$=320$
바르게 계산하면 $320\div12=26 \cdots 8$

19단계 A

110쪽

① 83 ⋯ 4 ② 49 ⋯ 9 ③ 60 ⋯ 15
④ 33 ⋯ 25 ⑤ 84 ⑥ 53 ⋯ 13

⑦ 46 ⋯ 2 확인 $81 \times 46 = 3726$, $3726 + 2 = 3728$

⑧ 71 ⋯ 17 확인 $76 \times 71 = 5396$, $5396 + 17 = 5413$

⑨ 69 ⋯ 27 확인 $97 \times 69 = 6693$, $6693 + 27 = 6720$

19단계 B 111쪽

① 69 ⋯ 7 ② 61 ⋯ 11 ③ 67

④ 66 ⋯ 30 ⑤ 76 ⋯ 20

⑥ 42 ⋯ 4 확인 $65 \times 42 = 2730$, $2730 + 4 = 2734$

⑦ 27 ⋯ 17 확인 $75 \times 27 = 2025$, $2025 + 17 = 2042$

⑧ 34 ⋯ 15 확인 $85 \times 34 = 2890$, $2890 + 15 = 2905$

19단계 C 112쪽

① 68 ⋯ 5 ② 88 ⋯ 16 ③ 75 ⋯ 17

④ 25 ⋯ 10 ⑤ 73 ⋯ 31 ⑥ 94 ⋯ 34

⑦ 37 ⋯ 7 확인 $73 \times 37 = 2701$, $2701 + 7 = 2708$

⑧ 52 ⋯ 14 확인 $84 \times 52 = 4368$, $4368 + 14 = 4382$

113쪽

① 43봉지, 24장 ② 91판, 2개

③ 90상자, 7자루 ④ 46묶음, 38개

① $1400 \div 32 = 43 \cdots 24$

② $2732 \div 30 = 91 \cdots 2$

③ $1087 \div 12 = 90 \cdots 7$

④ $2338 \div 50 = 46 \cdots 38$

20단계 종합 문제 114쪽

① 8 ⋯ 10 ② 4 ⋯ 35 ③ 10 ⋯ 20

④ 8 ⋯ 11 ⑤ 7 ⋯ 22 ⑥ 6 ⋯ 21

⑦ 30 ⋯ 13 ⑧ 7 ⋯ 18 ⑨ 7 ⋯ 33

⑩ 8 ⋯ 47 ⑪ 7 ⋯ 48 ⑫ 35 ⋯ 14

20단계 종합 문제 115쪽

① 13 ⋯ 30 ② 19 ⋯ 16 ③ 18 ⋯ 46

④ 12 ⋯ 21 ⑤ 12 ⋯ 18 ⑥ 10 ⋯ 55

⑦ 20 ⋯ 23 ⑧ 13 ⋯ 6 ⑨ 10 ⋯ 19

⑩ 35 ⋯ 14 ⑪ 23 ⋯ 19 ⑫ 44 ⋯ 15

20단계 종합 문제 116쪽

① 11 ⋯ 10 ② 9 ⋯ 15 ③ 8 ⋯ 11

④ 38 ⑤ 19 ⋯ 11 ⑥ 11 ⋯ 53

⑦ 4 ⋯ 44 ⑧ 10 ⋯ 48 ⑨ 15 ⋯ 27

⑩ 57 ⋯ 15 ⑪ 65 ⋯ 31 ⑫ 85 ⋯ 10

20단계 종합 문제 117쪽

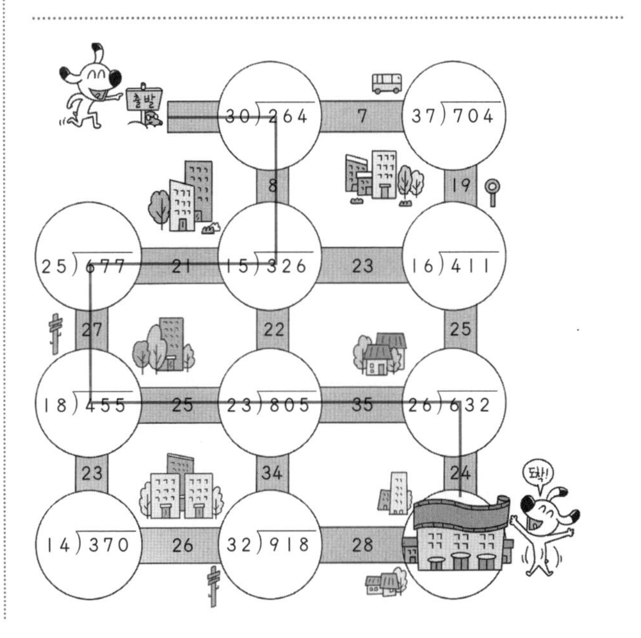

20단계 종합 문제 118쪽

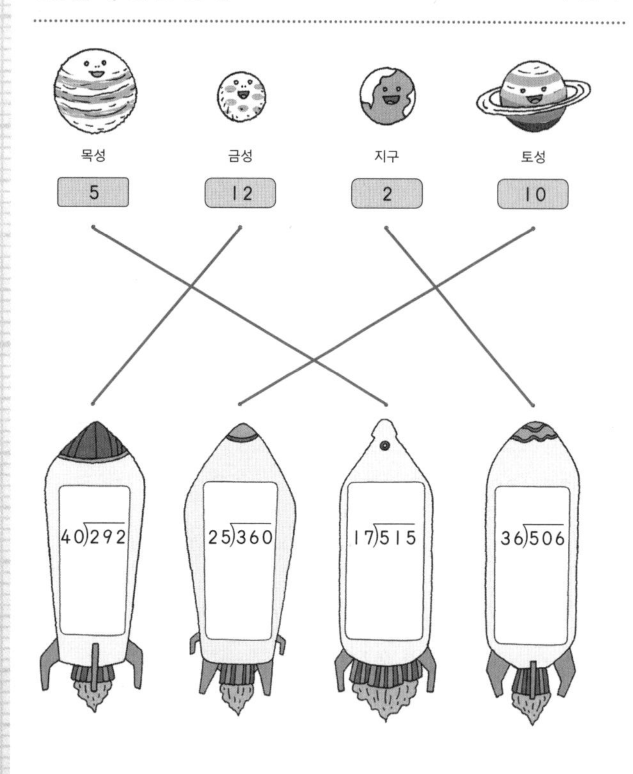

21단계 Ⓒ 123쪽

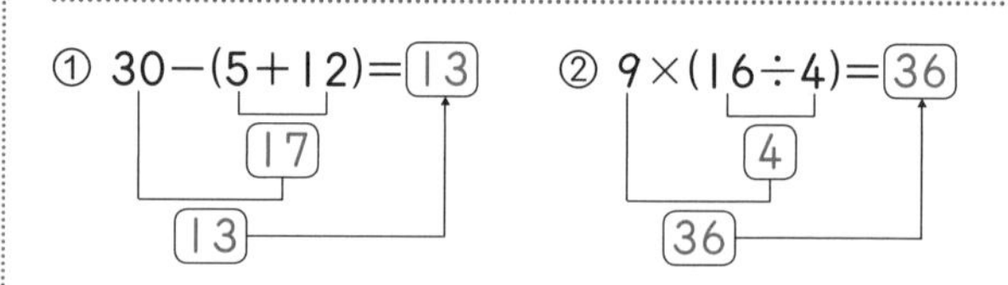

③ 13 ④ 30 ⑤ 18 ⑥ 19

⑦ 48 ⑧ 6 ⑨ 26 ⑩ 9

21단계 도전! 땅 짚고 헤엄치는 문장제 124쪽

① 18명 ② 14대 ③ 6개 ④ 16번

① 16−7+9=18(명)

② 21−13+6=14(대)

③ 15×4÷10=6(개)

④ 20×4÷5=16(번)

21단계 Ⓐ 121쪽

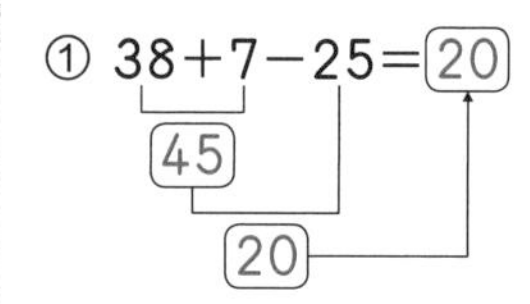

② 56−28+6=34
28
34

③ 20 ④ 40 ⑤ 27 ⑥ 38

⑦ 15 ⑧ 18 ⑨ 49 ⑩ 29

21단계 Ⓑ 122쪽

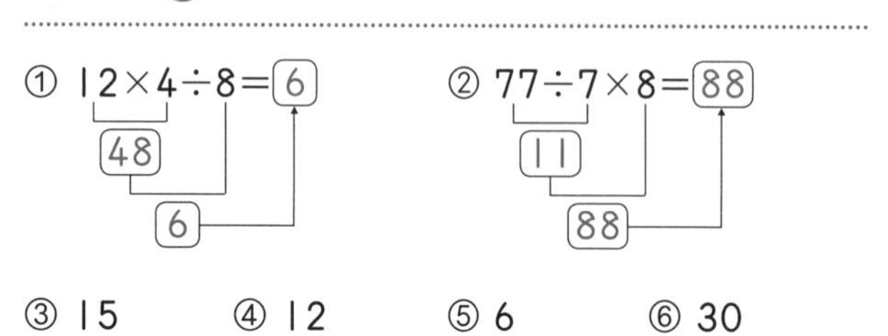

③ 15 ④ 12 ⑤ 6 ⑥ 30

⑦ 18 ⑧ 30 ⑨ 48 ⑩ 36

22단계 Ⓐ 126쪽

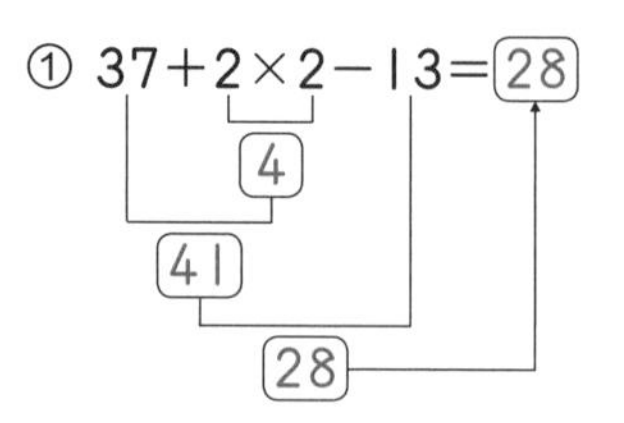

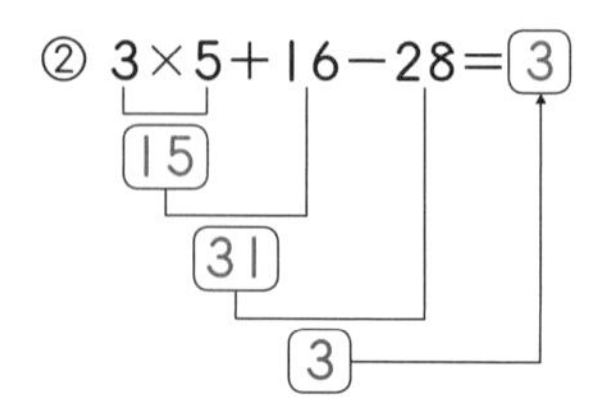

③ 32 ④ 34 ⑤ 43 ⑥ 42

⑦ 47 ⑧ 43 ⑨ 29 ⑩ 74

22단계 B

127쪽

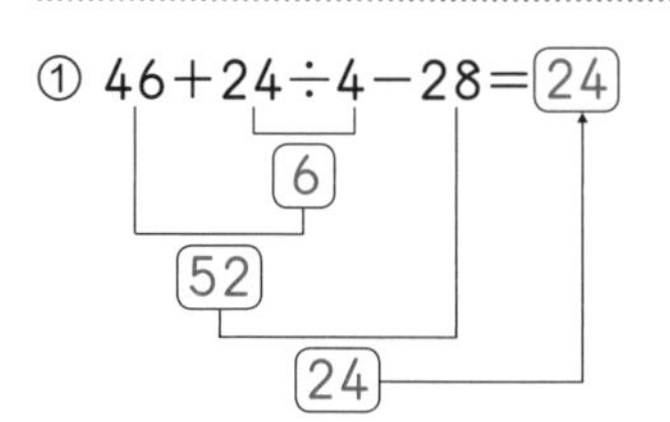

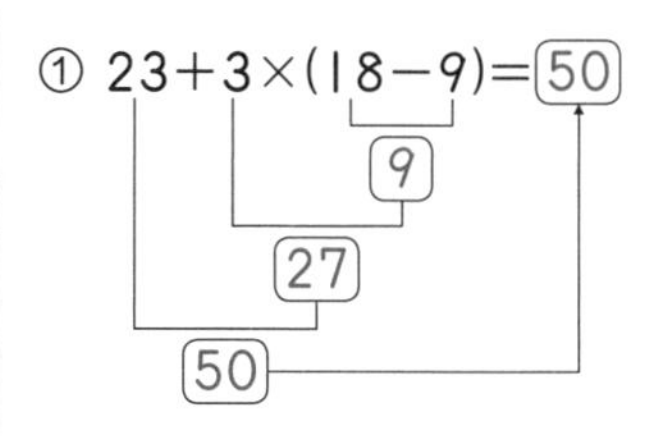

③ 29 ④ 42 ⑤ 37 ⑥ 70

⑦ 58 ⑧ 100 ⑨ 30 ⑩ 30

22단계 C

128쪽

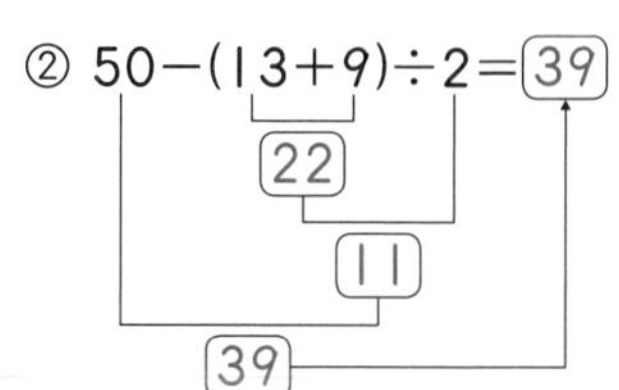

② 50−(13+9)÷2=39

22

11

39

③ 76 ④ 19 ⑤ 10 ⑥ 17

⑦ 29 ⑧ 0 ⑨ 6 ⑩ 7

22단계 도전! 땅 짚고 헤엄치는 문장제

129쪽

① 13개 ② 24개 ③ 15장 ④ 39 cm

① 30−3×5−2=13(개)

② 25−2×7+13=24(개)

③ 24÷3+12−5=15(장)

④ 15×3−3×2=39(cm)

23단계 A

131쪽

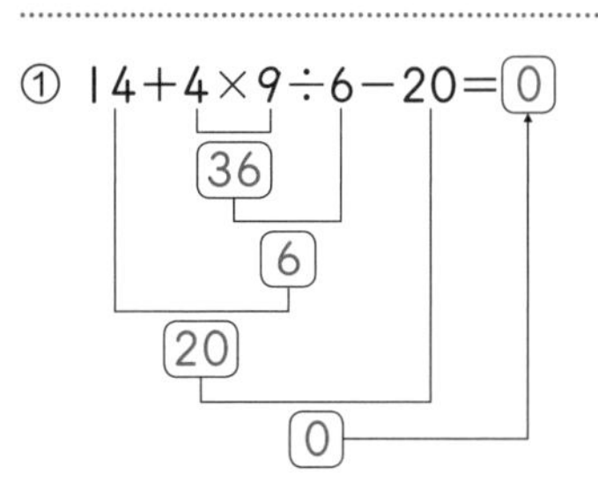

② 13 ③ 45 ④ 45 ⑤ 87

⑥ 5 ⑦ 30

23단계 B

132쪽

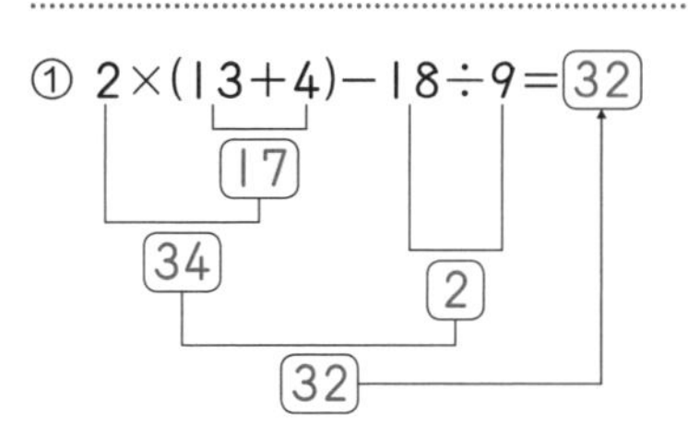

② 0 ③ 23 ④ 21 ⑤ 20

⑥ 40 ⑦ 40

23단계 C

133쪽

① 24 ② 27 ③ 26 ④ 111

⑤ 40 ⑥ 18 ⑦ 6

23단계 D

134쪽

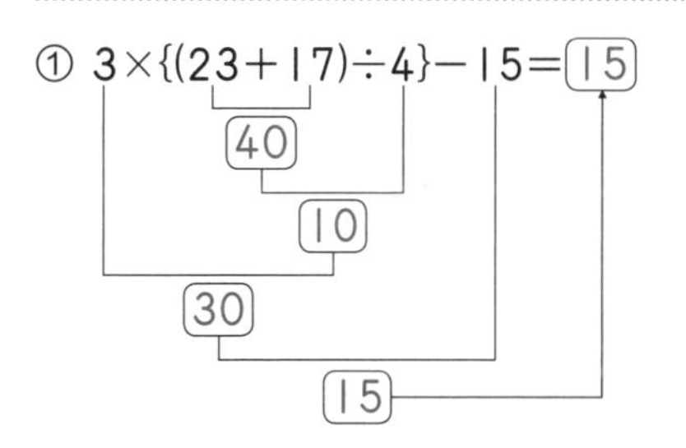

② 12 ③ 2 ④ 10 ⑤ 2

⑥ 4

23단계 도전! 땅 짚고 헤엄치는 문장제 135쪽

① 21　② 45　③ 6　④ 2

① $27 \div 3 - 4 + 8 \times 2 = 21$

② $(15-4) \times 9 \div 3 + 12 = 45$

③ $36 \div 3 + 8 - 2 \times 7 = 6$

④ $(24+26) \div 5 - 2 \times 4 = 2$

24단계 종합 문제 136쪽

① 37　② 13　③ 15　④ 54

⑤ 20　⑥ 22　⑦ 64　⑧ 67

24단계 종합 문제 137쪽

① 72　② 20　③ 32　④ 27

⑤ 80　⑥ 13　⑦ 7　⑧ 24

24단계 종합 문제 138쪽

① 100　② 21　③ 27　④ 200

⑤ 2　⑥ 20　⑦ 16　⑧ 20

24단계 종합 문제 139쪽

① $5 \times 5 \div 5 \div 5 = 1$

② $(5+5+5) \div 5 = 3$

③ $5 + (5-5) \times 5 = 5$

④ $5 + (5+5) \div 5 = 7$

⑤ $5 + 5 - 5 \div 5 = 9$

24단계 종합 문제 140쪽

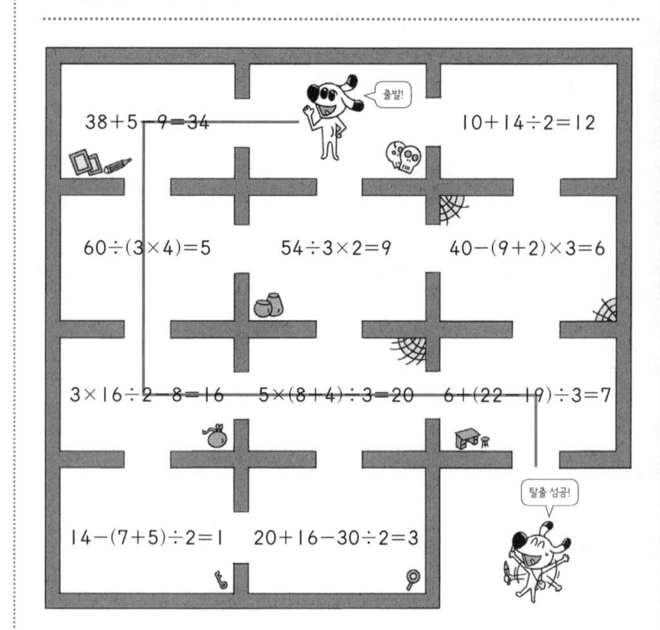